それでもがんばる！

どんまいな犬《いぬ》と猫《ねこ》図《ず》鑑《かん》

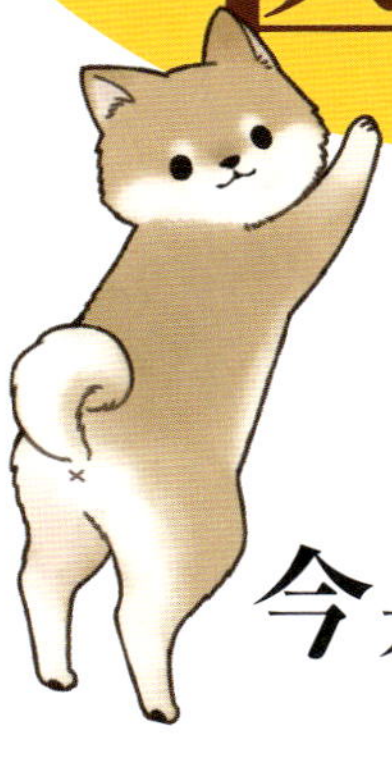

今泉忠明
監修

宝島社

生態解説《せいたいかいせつ》 犬《いぬ》の動作《どうさ》にはさまざまな気持《きも》ちが隠《かく》されています。犬《いぬ》が前足《まえあし》を上《あ》げる仕草《しぐさ》は、相手《あいて》に対《たい》する友好《ゆうこう》や甘《あま》えのサイン。また、自分《じぶん》や相手《あいて》を落《お》ち着《つ》かせ、敵意《てきい》がないことを示《しめ》す“カーミングシグナル”と呼《よ》ばれる行動《こうどう》のひとつともいわれています。この場合《ばあい》、猫《ねこ》に対《たい》して「初《はじ》めて会《あ》った君《きみ》へ、攻撃《こうげき》するつもりはありませんよ」と敵意《てきい》がないことを伝《つた》えていたのでしょう。

生態解説《せいたいかいせつ》 同《おな》じポージングでも犬《いぬ》と猫《ねこ》ではそのサインの意味《いみ》が真逆《まぎゃく》になることがあります。「前足《まえあし》を上《あ》げる」というポーズは猫《ねこ》にとっては攻撃《こうげき》の予兆《よちょう》。犬《いぬ》に攻撃《こうげき》を仕掛《しか》けられたと思《おも》い込《こ》み、俗《ぞく》にいう"猫《ねこ》パンチ"を繰《く》り出《だ》したのです。猫《ねこ》の猫《ねこ》パンチにはいろいろな意味《いみ》があるといわれていますが、今回《こんかい》はまだあまり慣《な》れていない同居者《どうきょしゃ》の犬《いぬ》に対《たい》して恐怖《きょうふ》を感《かん》じたため、防衛本能《ぼうえいほんのう》が働《はたら》いてパンチをお見舞《みま》いしたのでしょう。

はじめに

犬《いぬ》と猫《ねこ》のルーツは同《おな》じ。食肉類《しょくにくるい》の祖先《そせん》・ミアキスから始《はじ》まったといわれています。犬《いぬ》は平原《へいげん》へ、猫《ねこ》は森《もり》へ向《む》かい、それぞれの環境《かんきょう》に適応《てきおう》するように進化《しんか》。そして、現代《げんだい》では私《わたし》たちにとって一番《いちばん》身近《みぢか》ないきものとなりましたね。

そんな彼《かれ》らには、〝どんまいな違《ちが》い〟がたくさんあります。少々《しょうしょう》おマヌケともいえる特徴《とくちょう》ばかりですが、どれもとても愛《あい》らしいもの。クスッと笑《わら》ってしまうかもしれませんが、これこそが彼《かれ》らの進化《しんか》の結果《けっか》なのです。

本書《ほんしょ》は1つのテーマに対《たい》し、犬《いぬ》と猫《ねこ》のどんまいなポイントを比《くら》べられるように構成《こうせい》しています。それぞれのどんまいな違《ちが》いを比較《ひかく》しながら、楽《たの》しく学《まな》ぶことができるはずです。

さて、みなさんに質問《しつもん》です。犬《いぬ》と猫《ねこ》、同《おな》じ行動《こうどう》で比《くら》べてみると、どちらがどんまいだと思《おも》いますか？　その答《こた》えは…この話《はなし》は「おわりに」ででも話《はな》しましょうかね。

今《いま》泉《いずみ》忠《ただ》明《あき》

から始《はじ》まった!?

頭蓋骨《ずがいこつ》は
でかい
テンとかイタチっぽいって
よくいわれる
しっぽは長《なが》め
スリムな胴体《どうたい》と
短《みじか》い足《あし》
【ミアキス】
分類《ぶんるい》:哺乳網食肉目《ほにゅうこうしょくにくもく》ミアキス科《か》
体長《たいちょう》:約《やく》30cm
生息地《せいそくち》:ヨーロッパ、北《きた》アメリカ
出現《しゅつげん》:5500万年《まんねん》〜4800万年前《まんねんまえ》

犬《いぬ》と猫《ねこ》の先祖様《せんぞさま》 じっは同《おな》じなんです

元《もと》を辿《たど》れば、犬《いぬ》と猫《ねこ》の祖先《そせん》は同《おな》じ。今《いま》から約《やく》5500万年前《まんねんまえ》、恐《きょう》竜《りゅう》の絶滅後《ぜつめつご》にまもなく登場《とうじょう》したミアキスが犬《いぬ》と猫《ねこ》を含《ふく》む食肉類《しょくにくるい》の始《はじ》まりだとされています。

平原《へいげん》に出《で》たミアキスは進化《しんか》を重《かさ》ね、現在《げんざい》のイエイヌの祖先《そせん》となります。隠《かく》れる場所《ばしょ》のない平原《へいげん》では、獲物《えもの》を狩《か》るために速《はや》く走《はし》れる足《あし》を持《も》つものが生《い》き残《のこ》り、さらに単独《たんどく》行動《こうどう》をやめて集団《しゅうだん》で狩《か》りをするように。そしてさらなる効率化《こうりつか》となる進化《しんか》を経《へ》て、社会的《しゃかいてき》な群《む》れを

犬《いぬ》と猫《ねこ》の進化《しんか》のお話《はなし》①

すべてはミアキス

基本《きほん》は集団《しゅうだん》で行動《こうどう》するワン
現代《げんだい》の【イエイヌ】
分類《ぶんるい》：哺乳網《ほにゅうこう》ネコ目《もく》イヌ科《か》
体長《たいちょうやく》：約15cm～200cm
生息地《せいそくち》：世界中《せかいじゅう》、人間《にんげん》のいるところに分布《ぶんぷ》
平原《へいげん》で進化《しんか》
進化《しんか》してしなやかな体《からだ》をGET《ゲット》ニャ
森《もり》で進化《しんか》
現代《げんだい》の【イエネコ】
分類《ぶんるい》：哺乳網《ほにゅうこう》ネコ目《もく》ネコ科《か》
体長《たいちょうやく》：約19cm～75cm
生息地《せいそくち》：世界中《せかいじゅう》、人間《にんげん》のいるところに分布《ぶんぷ》

作《つく》って暮《く》らすようになったのが現《げん》在《ざい》のオオカミです。そして、そのなかから人間《にんげん》と共存《きょうぞん》できたものが現在《げんざい》のイエイヌへと発展《はってん》しました。

一方《いっぽう》、森《もり》で暮《く》らしたミアキスはイエネコの祖先《そせん》に。体《からだ》が少《すこ》し大型《おおがた》化《か》し、木登《きのぼ》りに適《てき》したしなやかな体《からだ》に進化《しんか》。そして森《もり》を出《で》て、サバンナで暮《く》らすようになったのが現《げん》在《ざい》でもアフリカに生息《せいそく》するリビアネコです。その後《ご》、リビアネコの仲間《なかま》が家畜化《かちくか》され、現在《げんざい》のイエネコが誕生《たんじょう》したといわれています。

今日《こんにち》まで人間《にんげん》によって品種改良《ひんしゅかいりょう》が重《かさ》ねられてきた犬《いぬ》と猫《ねこ》。たくさんの種類《しゅるい》の犬《いぬ》と猫《ねこ》が存在《そんざい》するようになりましたね。

つかなかったところ

生活《せいかつ》スタイルで比《くら》べてみると…？ 全然《ぜんぜん》違《ちが》う！

よう、お前《まえ》ら元気《げんき》か？
はい！ボス
ワン！
ワン
リーダーとかばっかじゃないの

絶対的《ぜったいてき》リーダー主義《しゅぎ》の犬社会《いぬしゃかい》 上下関係《じょうげかんけい》ははっきり

犬社会《いぬしゃかい》は、ボス犬《いぬ》を頂点《ちょうてん》に群《む》れのなかで上下関係《じょうげかんけい》が決《き》められている。リーダーに従《したが》うことで身《み》の安全《あんぜん》が守《まも》られるため、群《む》れにいれば食《た》べ物《もの》にも困《こま》らない。

自由気《じゆうき》ままなゆるい猫社会《ねこしゃかい》は 基本《きほん》、単独《たんどく》で平和的《へいわてき》

単独《たんどく》で生《い》きる猫《ねこ》にとって誰《だれ》かの命令《めいれい》に従《したが》うのは全《まった》く意味《いみ》のないこと。ただ、リーダー不在《ふざい》とはいえ、同《おな》じ地域《ちいき》に住《す》んでいる猫《ねこ》たちでゆるい社会《しゃかい》を作《つく》る。

群《む》れ社会《しゃかい》で暮《く》らす犬《いぬ》と ひとりきりで生《い》きる猫《ねこ》

同《おな》じ祖先《そせん》を持《も》つ犬《いぬ》と猫《ねこ》ですが、その違《ちが》いは明確《めいかく》です。

性格上《せいかくじょう》、明《あき》らかな違《ちが》いがあるのは犬《いぬ》と猫《ねこ》のリーダー感《かん》。集団生活《しゅうだんせいかつ》を送《おく》る犬《いぬ》の群《む》れには絶対的《ぜったいてき》なリーダーが存在《そんざい》します。下位《かい》の犬《いぬ》は絶対《ぜったい》に服従《ふくじゅう》し、リーダーの命令《めいれい》に従《したが》うことに喜《よろこ》びを覚《おぼ》えます。犬同士《いぬどうし》で感情《かんじょう》を表現《ひょうげん》し合《あ》い、コミュニケーションを取《と》ることも特徴《とくちょう》です。

もちろん、狩《か》りもみんなで一緒《いっしょ》に。犬《いぬ》は、役割分担《やくわりぶんたん》を巧《たく》みに使《つか》いこなし、群《む》れ全員《ぜんいん》で食《た》べられる量《りょう》

犬《いぬ》と猫《ねこ》の進化《しんか》のお話《はなし》②

進化《しんか》して差《さ》がついたところ、

狩《か》りで比《くら》べてみると…？ 全然《ぜんぜん》違《ちが》う！

集団《しゅうだん》で連携《れんけい》を取《と》りながら追《お》い詰《つ》め、大《おお》きな獲物《えもの》に立《た》ち向《む》かう犬《いぬ》

群《む》れで行《おこな》う犬《いぬ》の狩《か》りは、ボスによる指示《しじ》が出《だ》され、見張《みは》り役《やく》や偵察役《ていさつやく》など細《こま》かく役《やく》割分担《わりぶんたん》が決《き》まる。互《たが》いにコミュニケーションを取《と》りながらの連携《れんけい》プレーは圧巻《あっかん》。

そっと獲物《えもの》を待《ま》ち伏《ぶ》せしながら静《しず》かに忍《しの》び寄《よ》る、孤高《ここう》のハンター

聴覚《ちょうかく》が発達《はったつ》している猫《ねこ》は獲物《えもの》のかすかな物音《ものおと》や超音波《ちょうおんぱ》をキャッチして、静《しず》かに忍《しの》び寄《よ》れる。

狙《ねら》いは
あいつや
OK! ボス
そろ〜りそろり

を確保《かくほ》するため獲物《えもの》は自分《じぶん》よりも大《おお》きなものを狙《ねら》って攻撃《こうげき》します。

対《たい》して猫《ねこ》は、基本的《きほんてき》に単独行動《たんどくこうどう》。その地域《ちいき》でゆるりとボス猫《ねこ》は存在《そんざい》しますが、犬《いぬ》のようなボスへの忠《ちゅう》誠心《せいしん》や協調性《きょうちょうせい》はありません。自由《じゆう》な生活《せいかつ》を送《おく》りながら、狩《か》りも単独《たんどく》で行《おこな》います。しなやかな体《からだ》と足音《あしおと》を立《た》てづらい肉球《にくきゅう》でそろりと獲物《えもの》に忍《しの》び寄《よ》り、鋭《するど》い爪《つめ》で攻撃《こうげき》。牙《きば》を獲物《えもの》の首《くび》や喉《のど》に突《つ》き立《た》て、瞬殺《しゅんさつ》します。その様子《ようす》は、孤高《ここう》のハンターそのもの。猫《ねこ》は牙《きば》で獲物《えもの》の鼓動《こどう》を感《かん》じとったとき恍惚《こうこつ》の表情《ひょうじょう》を浮《う》かべるといわれています。まさに孤独《こどく》にグルメを堪能《たんのう》するのです。

指《ゆび》の数《かず》で比《くら》べてみると…？

指《ゆび》の数《かず》は同《おな》じ！
だけど生活《せいかつ》の違《ちが》いから……

ばーか
残念《ざんねん》だな

猫《ねこ》の足《あし》の特徴《とくちょう》
・短距離走《たんきょりそう》のダッシュ向《む》き
・後《うし》ろ足《あし》を使《つか》ってジャンプできる
・前足《まえあし》は内側《うちがわ》にも自由《じゆう》に動《うご》く
ウマの前足《まえあし》の指《ゆび》 1本《ぽん》
猫《ねこ》の前足《まえあし》の指《ゆび》 5本《ほん》
ソイヤー！
待《ま》て待《ま》て〜
猫《ねこ》の後《うし》ろ足《あし》の指《ゆび》 4本《ほん》
犬《いぬ》の足《あし》の特徴《とくちょう》
・長距離走《ちょうきょりそう》に向《む》いている
・骨格《こっかく》の構造上《こうぞうじょう》、前足《まえあし》の可動域《かどういき》が狭《せま》い
ハァハァ
犬《いぬ》の後《うし》ろ足《あし》の指《ゆび》 4本《ほん》
犬《いぬ》の前足《まえあし》の指《ゆび》 5本《ほん》

1本《ぽん》指《ゆび》になれなかったどんまいな犬《いぬ》と猫《ねこ》

より速《はや》く走《はし》るためには、多《おお》すぎる指《ゆび》は邪魔《じゃま》になります。指《ゆび》の数《かず》が少《すく》ないほど、体重《たいじゅう》が一点《いってん》に集《あつ》まりやすくなり、地面《じめん》を蹴《け》るときにパワーを発揮《はっき》できるからです。このことから蹄《ひづめ》が１つ、１本《ぽん》指《ゆび》のウマは、速《はや》く走《はし》ることに特化《とっか》したいきものといえるでしょう。もちろん、犬猫《いぬねこ》も速《はや》く走《はし》れたほうが嬉《うれ》しいはずですが、残念《ざんねん》ながらウマのようにウマくいかず、前足《まえあし》の指《ゆび》が５本《ほん》、後《うし》ろ足《あし》の指《ゆび》が４本《ほん》という現在《げんざい》の数《かず》に落《お》ち着《つ》きました。各々《おのおの》の生活《せいかつ》ス

頭《あたま》のよさで比《くら》べてみると…?

ほぼ同《どう》レベル!
だけど性格《せいかく》の違《ちが》いから……

見《み》て、すごいでしょ?
取《と》ってきたよ、えらい?
とにかく褒《ほ》めてほしい犬《いぬ》
・覚《おぼ》えたことをやり遂《と》げることに喜《よろこ》びを感《かん》じる
・集団生活《しゅうだんせいかつ》によって培《つちか》われたコミュニケーション能力《のうりょく》が高《たか》い
はあ…別《べつ》にやろうと思《おも》えばできるけど めんどくさいしね
能《のう》ある猫《ねこ》は爪《つめ》を隠《かく》している
・しつけは理解《りかい》しているが、やらないだけ
・「なんでそんなアピールしなくちゃいけないの?」というスタンス

タイルに適《てき》した形《かたち》に進化《しんか》したとはいえ、彼《かれ》らも1本指《ぽんゆび》に進化《しんか》したかったと思《おも》います…。

犬《いぬ》は猫《ねこ》よりも頭《あたま》がいいイメージがありますが、じつは知性《ちせい》はほぼ猫《ねこ》と同《おな》じ。人間《にんげん》の3歳児《さいじ》くらいの知能《ちのう》を持《も》つといわれています。聞《き》き分《わ》けもよく、覚《おぼ》えたことを猛《もう》アピールしたがる犬《いぬ》の様子《ようす》が賢《かしこ》く見《み》えるだけなのです。

猫《ねこ》だって、しつけを理解《りかい》してないわけではありません。やろうと思《おも》えばできるけれどあえてやらない。誰《だれ》かの命令《めいれい》に従《したが》うことは単独《たんどく》行動《こうどう》をする猫《ねこ》にとってはナンセンス。どこまでも我《わ》が道《みち》をゆくのが猫《ねこ》といういきものなのです。

もくじ

第《だい》1章《しょう》

どんまいな犬《いぬ》と猫《ねこ》のまいにち

犬《いぬ》と猫《ねこ》。

それは、似《に》ているようでまったく違《ちが》った習性《しゅうせい》を持《も》ついきもの。

彼《かれ》らと一緒《いっしょ》に生活《せいかつ》していたら、

「食《た》べる」「寝《ね》る」「うんこをする」…など日常《にちじょう》の行動《こうどう》

ひとつとっても、面白《おもしろ》い“違《ちが》い”がたくさんあることを発見《はっけん》!

さあ、私《わたし》が見《み》つけた、

犬《いぬ》と猫《ねこ》のどんまいな違《ちが》いを比《くら》べてみて!

子《こ》どもの頃《ころ》で比《くら》べてみた

犬《いぬ》

子《こ》犬《いぬ》は逆《さか》立《だ》ちしてごはんを食《た》べる

足《あし》が浮《う》いてる気《き》がするけど
まあいっか!
なにそれ、サーカスみたーい

猫《ねこ》 子猫《こねこ》は離乳《りにゅう》が早《はや》いと一生《いっしょう》イライラ

第1章《だいしょう》 どんまいな犬《いぬ》と猫《ねこ》のまいにち

それちょっと泣《な》けてきたわ……

子犬《こいぬ》は逆立《さかだ》ちしてごはんを食《た》べる

犬《いぬ》

「ムキムキの前足《まえあし》に比《くら》べて、後《うし》ろ足《あし》はヨボヨボなんです」

個体差《こたいさ》もありますが、逆立《さかだ》ちしてしまう子犬《こいぬ》はかなり存《そん》在《ざい》するようです。ごはんにがっついて首《くび》に力《ちから》が入《はい》り、前足《まえあし》を中心《ちゅうしん》として後《うし》ろ足《あし》が持《も》ち上《あ》がってしまうのです。子犬《こいぬ》は特《とく》に体《からだ》の割《わり》に頭《あたま》が大《おお》きく、重《おも》たい頭《あたま》を支《ささ》えるため前足《まえあし》の筋肉《きんにく》が発達《はったつ》していますが、その自覚《じかく》がまだないのでしょう。また、犬《いぬ》は狩《か》りで獲物《えもの》に噛《か》みつき振《ふ》り回《まわ》すため必然的《ひつぜんてき》に上半身《じょうはんしん》が発達《はったつ》しているといえます。

子猫《こねこ》は離乳《りにゅう》が早《はや》いと一生《いっしょう》イライラ

猫《ねこ》

「キレる子猫《こねこ》を回避《かいひ》するためには、母猫《ははねこ》と十分《じゅうぶん》一緒《いっしょ》に過《す》ごさせることです」

シャーッ
チュパチュパ
ニャンだか
イライラするっ

子猫《こねこ》の問題《もんだい》はちと深刻《しんこく》。ヘルシンキ大学《だいがく》の研究《けんきゅう》によると、子猫《こねこ》は離乳《りにゅう》が早《はや》いと攻撃《こうげき》的《てき》な性格《せいかく》になるそうです。突《とつ》然《ぜん》キレ出《だ》したり、噛《か》みついたり…。社会化《しゃかいか》できない子猫《こねこ》の症状《しょうじょう》もそのひとつです。

ちなみに、早期離乳《そうきりにゅう》した子《こ》猫《ねこ》は毛布《もうふ》を吸《す》って過《す》ごしたり、布団《ふとん》を踏《ふ》み踏《ふ》みし続《つづ》けたり、「もっとママのおっぱいを吸《す》いたかった〜」と憂《う》さ晴《は》らしをするそうです。

うんこで比《くら》べてみた

犬《いぬ》はうんこに砂《すな》をかけるのがへた

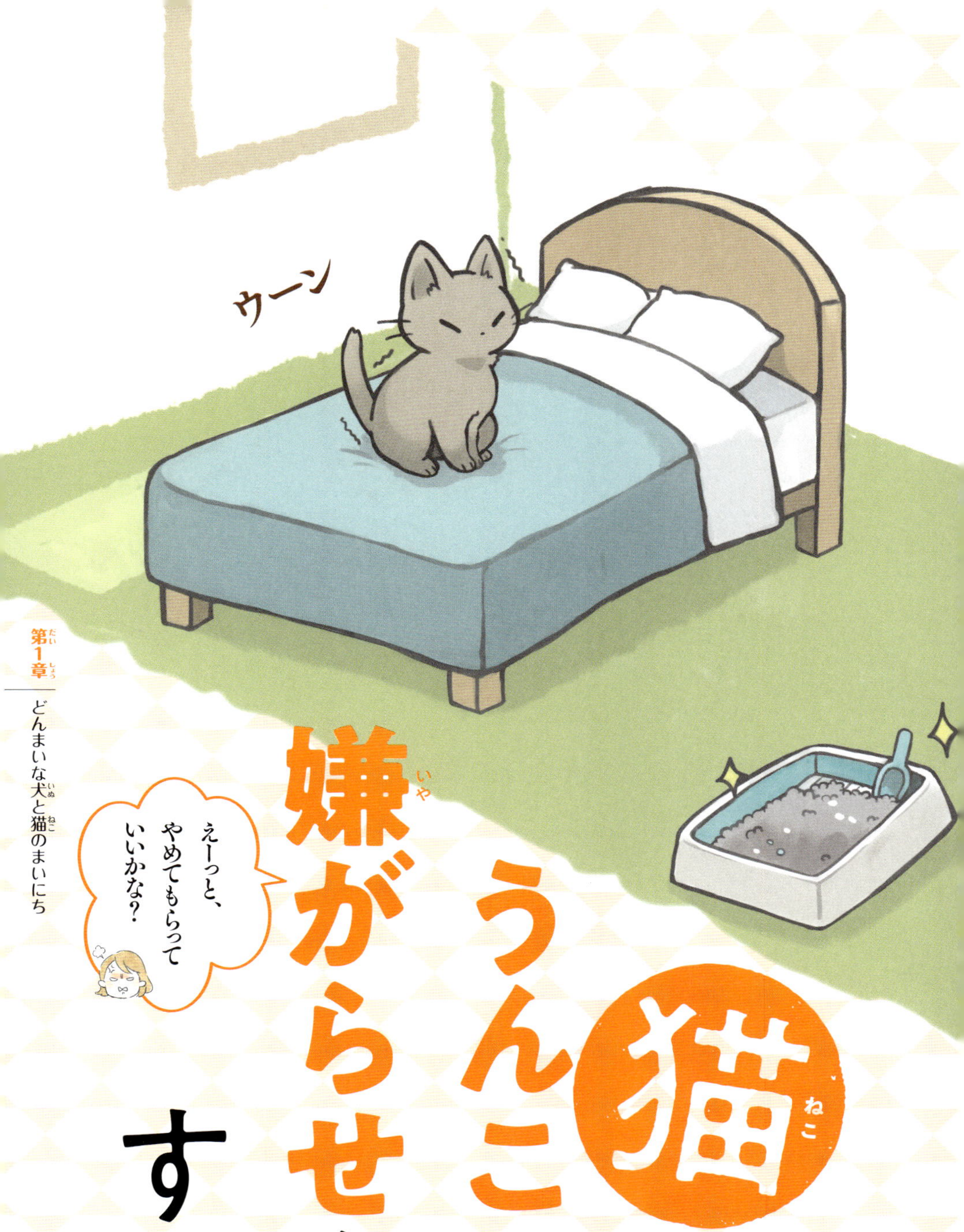
ウーン
えーっと、やめてもらっていいかな？

猫《ねこ》はうんこで嫌《いや》がらせをする

犬《いぬ》はうんこに砂《すな》をかけるのがへた

犬《いぬ》

「犬《いぬ》が右向《みぎむ》きゃ、おしりは左《ひだり》。後《うし》ろを見《み》られないので当《あ》てずっぽうです」

犬《いぬ》はうんこをしたあと、自分《ぶん》のニオイを遠《とお》くへ広《ひろ》げるために後《うし》ろ足《あし》でうんこを蹴《け》る習《しゅう》性《せい》を持《も》ちます。しかし、足《あし》の骨《ほね》の構造的《こうぞうてき》に後《うし》ろを振《ふ》り向《む》くことができないため、なかなかターゲットに砂《すな》をかけられません。また、うんこをしていなくてもうんこを蹴飛《けと》ばす仕草《しぐさ》をする場合《ばあい》もあります。

猫《ねこ》は、嫌《いや》なことがあったときにうんこで嫌《いや》がらせをします。例《たと》えば飼《か》い主《ぬし》が猫《ねこ》のため

猫《ねこ》はうんこで嫌《いや》がらせをする

猫《ねこ》

「うんこは猫《ねこ》の抗議《こうぎ》。模様替《もようが》えが好《す》きな方《かた》はうんこ爆弾《ばくだん》に注意《ちゅうい》してください」

に新《あたら》しいトイレを用意《ようい》したとしても、猫《ねこ》にとっては最悪《さいあく》の状況《じょうきょう》。自分《じぶん》のニオイが染《し》みついたお気《き》に入《い》りの場所《ばしょ》を奪《うば》われたも同然《どうぜん》ですから。

また、家具《かぐ》の配置換《はいちが》えなんかも**うんこ爆弾《ばくだん》が投下《とうか》**されると思《おも》います。毎日同《まいにちおな》じ場所《ばしょ》をパトロールし、**せっせと自分《じぶん》のニオイをつけてきたマーキングがやり直《なお》し**ですからね。模様替《もようが》えをするときは十分《じゅうぶん》注意《ちゅうい》してください。

やっちまう失敗《しっぱい》で比《くら》べてみた

犬《いぬ》は、知《し》っていても頭《あたま》をぶつける

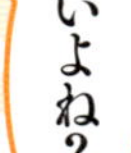

それさぁ…ヒゲの意味《いみ》ないよね？

猫《ねこ》は、知《し》っていても狭《せま》い場《ば》所《しょ》にハマる

うん、よく～ハマってるの目撃《もくげき》するわ

むむむ?
なにか横《よこ》にあるぞ
ここ、入《はい》れそうね

犬《いぬ》は、知《し》っていても頭《あたま》をぶつける

犬《いぬ》

「これでは感知《かんち》した意味《いみ》がないですね。わかっていてもやっちゃうどんまいさ」

犬《いぬ》はヒゲを使《つか》ってまわりに危険物《きけんぶつ》があるかどうかを感知《かんち》します。しかし、せっかく感知《かんち》しても誰《だれ》かに呼《よ》ばれるとつい興味《きょうみ》で反応《はんのう》してしまい、わかっていても頭《あたま》をぶつけてしまうのです。でも、人間《にんげん》も同《おな》じ。アツアツのたこやきをヤケドしそうなほど熱《あつ》いものと認識《にんしき》しつつ、頬張《ほおば》ってハフハフするのがおいしいでしょう?

猫《ねこ》は、体《からだ》が触《ふ》れるか触《ふ》れないかくらいのギリギリの狭《せま》さ

猫《ねこ》は、知《し》っていても狭《せま》い場所《ばしょ》にハマる

猫《ねこ》

「好奇心《こうきしん》に負《ま》けてしまうのは猫《ねこ》の性《さが》。まあ、かわいいからよしとしましょう」

ハマって
出《で》られなくなっちゃった

を好《この》む習性《しゅうせい》を持《も》ちます。「狭《せま》そうだな〜」とヒゲで道幅《みちはば》を測《はか》っているのにもかかわらず、好奇心《こうきしん》に負《ま》けて、すっぽり。ときには抜《ぬ》けなくなってしまうこともあるようです。

狭《せま》い場所《ばしょ》を好《この》む理由《りゆう》は、「外敵《がいてき》が入《はい》るスペースがない」「後方《こうほう》から攻撃《こうげき》を受《う》けることがないから安心《あんしん》」「暖《あたた》かくて静《しず》か」などがありますが、ハマって身動《みうご》きが取《と》れなくなってしまったら元《もと》も子《こ》もないのにね。

第《だい》1章《しょう》

どんまいな犬《いぬ》と猫《ねこ》のまいにち

がわかるけど、

食《た》べられればそれでいいんだね…

わりに、

じゃあなんでそのごはん
食《た》べてくれないの!?

わかってない

犬《いぬ》は味《あじ》の違《ちが》い何《なん》でもいい

猫《ねこ》はグルメな味《あじ》の違《ちが》いは

犬《いぬ》は味《あじ》の違《ちが》いがわかるけど、何《なん》でもいい

犬《いぬ》

「犬《いぬ》にとって〝贅沢《ぜいたく》は敵《てき》〟です。まずくても食《た》べられるものは食《た》べまくります」

何《なん》でもウェルカムな雑食者《ざっしょくしゃ》の犬《いぬ》は甘味《かんみ》・苦味《にがみ》・酸味《さんみ》・塩味《えんみ》の4つの味覚《みかく》を持《も》っています。古来《こらい》、犬《いぬ》がいた平原《へいげん》は獲物《えもの》の取《と》れ高《だか》が不安定《ふあんてい》。飢《う》えたときは何《なん》でも食《た》べる我慢強《がまんづよ》さを持《も》ちつつ、じつは「これはうまい」「これはまずいけど我慢《がまん》」と味《あじ》を理解《りかい》しているのです。対《たい》して好《す》き嫌《きら》いが激《はげ》しい猫《ねこ》の味覚《みかく》は、食中毒《しょくちゅうどく》を判断《はんだん》する酸味《さんみ》・苦味《にがみ》・塩味《えんみ》の3つだけ。なかでも塩味《えんみ》はわずかに感《かん》じ

猫《ねこ》はグルメなわりに、味《あじ》の違《ちが》いはわかってない

猫《ねこ》

「味《み》覚《かく》のほとんどは酸《さん》味《み》と苦《にが》味《み》。塩《えん》味《み》はわずかしか感《かん》じません」

るのみで味覚《みかく》はほぼ酸味《さんみ》と苦《にが》味《み》が占《し》めています。主食《しゅしょく》の肉《にく》には甘味《かんみ》がないため甘味《かんみ》の味覚《かく》が発達《はったつ》しなかったのです。

猫《ねこ》のザラザラした舌《した》はグルーミングや水飲《みずの》みなどの機能《きのう》性《せい》を重視《じゅうし》して進化《しんか》したため、味覚《みかく》は鈍感《どんかん》ですが、嗅覚《きゅうかく》が発《はっ》達《たつ》しているためニオイでおいしいかどうかを判断《はんだん》します。温《あたた》めると強《つよ》くニオイが立《た》ち上《あ》がるため、同《おな》じエサでも温《あたた》めると喜《よろこ》びます。

クサイくつしたを嗅《か》がせて比《くら》べてみた

犬《いぬ》は、クサイとガタガタする!?

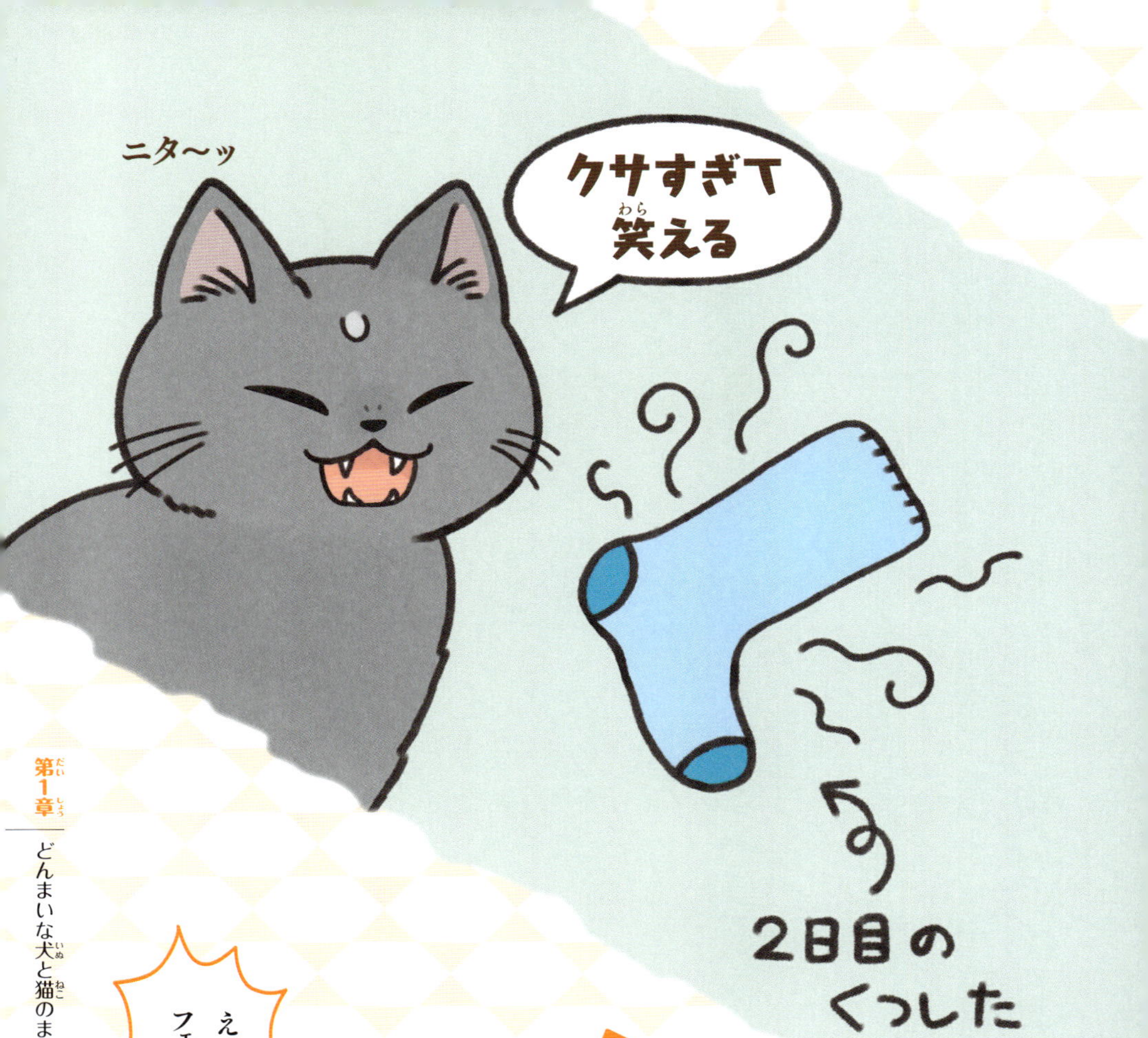
ニタ〜ッ
クサすぎて笑《わら》える
2日目のくつした

猫《ねこ》は、クサイとニヤニヤする

えっ、ニオイフェチなの？

犬《いぬ》は、クサイとガタガタする!?

犬《いぬ》

「ヤコブソン器官《きかん》による犬《いぬ》の反応《はんのう》は未《いま》だ謎《なぞ》につつまれたままです」

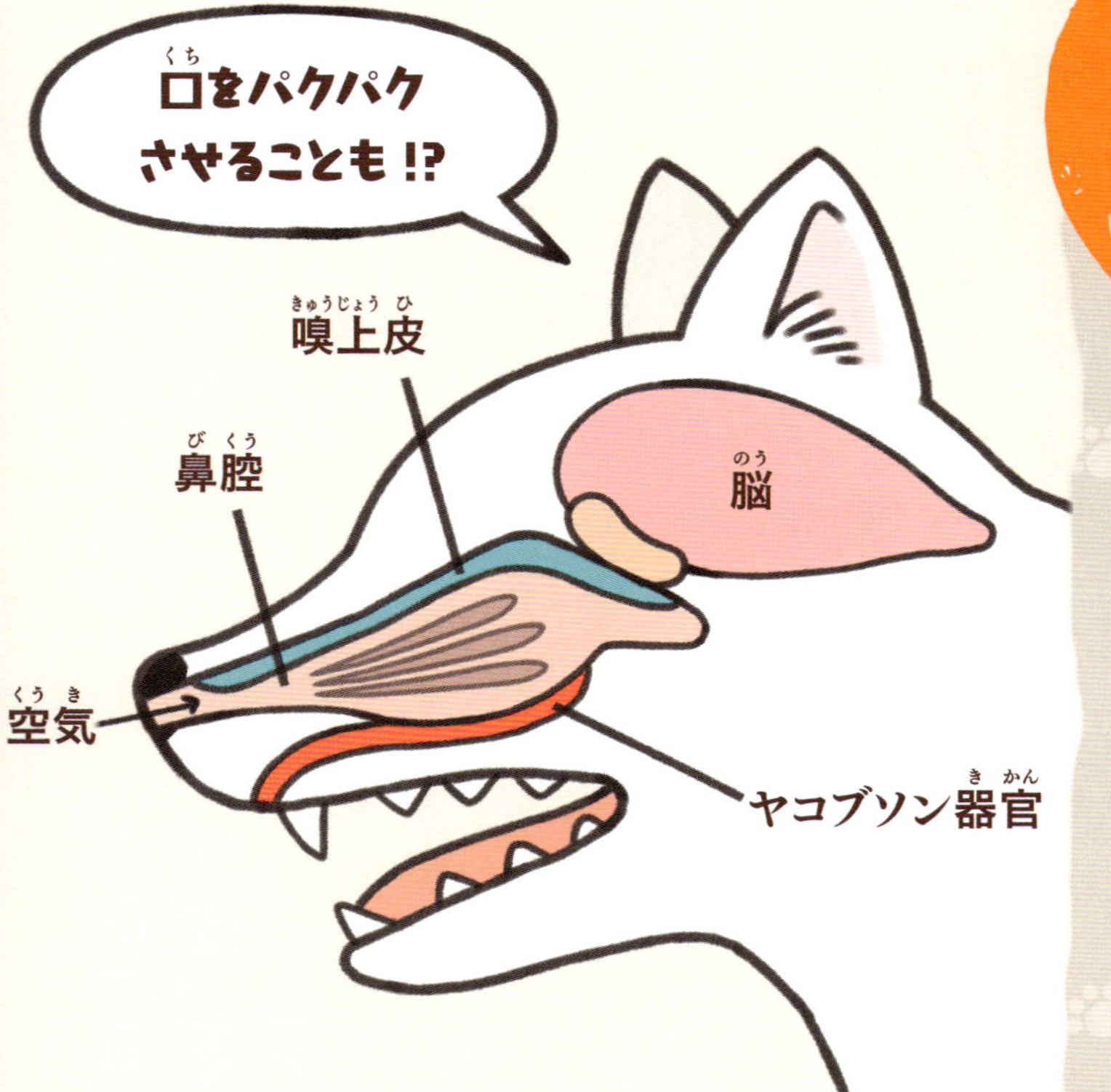

猫《ねこ》は、異性《いせい》のフェロモンを感《かん》じ取《と》る「ヤコブソン器官《きかん》」という器官《きかん》を持《も》っています。繁殖期《はんしょくき》になると猫《ねこ》は口《くち》をポカンと開《あ》け、ヤコブソン器官《きかん》で異性《いせい》のフェロモンを感《かん》じようとします。このとき鼻《はな》の穴《あな》が広《ひろ》がって唇《くちびる》がめくれ上《あ》がり、前《まえ》歯《ば》がむき出《だ》しに。この状態《じょうたい》が数秒続《すうびょうつづ》くことを「フレーメン反応《はんのう》」と呼《よ》ぶのですが、おかしなニヤニヤ顔《がお》に見《み》えます。人間《にんげん》のクサイくつしたには異《い》

猫《ねこ》は、クサイとニヤニヤする

猫《ねこ》

「おかしなことがあったわけではなく、れっきとした生理現象《せいりげんしょう》ですよ」

口《くち》の中《なか》に
お鼻《はな》があるよ！
嗅上皮《きゅうじょうひ》
鼻腔《びくう》
脳《のう》
空気《くうき》
ヤコブソン器官《きかん》

性《せい》のフェロモンに似《に》た物質《ぶっしつ》が含《ふく》まれているとされるため、猫《ねこ》に嗅《か》がせてみると反応《はんのう》が見《み》られるかもしれません。

犬《いぬ》にもヤコブソン器官《きかん》はありますが、猫《ねこ》のように変《へん》な笑《わら》い顔《がお》はしません。**歯《は》をガタガタさせる**などの行動《こうどう》が報告《ほうこく》されていますが、実際《じっさい》のところは謎《なぞ》。犬《いぬ》は、猫《ねこ》よりも嗅覚《きゅうかく》が鋭《するど》いため、変顔《へんがお》で**吟味《ぎんみ》せずにフェロモンの正体《しょうたい》を知《し》ることができる**からかもしれませんね。

ほど、大股《おおまた》でする

モテないなりの工夫《くふう》が涙《なみだ》ぐましいね…

高《たか》いところに俺《おれ》のおしっこかけちゃうぜ

定《さだ》めてプレー

おしっこって狙《ねら》い撃《う》ちできるの⁉

犬《いぬ》 モテない犬《いぬ》おしっこを

猫《ねこ》 は、狙《ねら》いをおしっこス

モテない犬《いぬ》ほど、大股《おおまた》でおしっこをする

犬《いぬ》

「非《ひ》モテ犬《けん》のがんばりを少《すこ》し離《はな》れて見守《みまも》ってやりましょうね」

突然《とつぜん》ですが、犬《いぬ》と猫《ねこ》、どちらのおしっこがクサイでしょうか？　答《こた》えは猫《ねこ》。猫《ねこ》は嗅覚《きゅうかく》が犬《いぬ》に劣《おと》るため、おしっこに含《ふく》まれるフェロモンが犬《いぬ》よりも強《つよ》いニオイになったのではないかといわれています。

そんな猫《ねこ》のおしっこの方法《ほうほう》は、スプレー噴射式《ふんしゃしき》です。おしっこが出《で》る尿道《にょうどう》の先端《せんたん》が動《うご》いて、標的《ひょうてき》をロックオンしたらクサイおしっこを噴射《ふんしゃ》。霧《きり》状《じょう》にたっぷりフェロモンを拡《かく》

猫《ねこ》は、狙《ねら》いを定《さだ》めておしっこスプレー

猫《ねこ》

「じつは〝おしっこスナイパー〟の猫《ねこ》。狙《ねら》った獲《え》物《もの》は逃《のが》しません！」

散《さん》し、アピール完了《かんりょう》です。

一方《いっぽう》オスの犬《いぬ》は、ニオイを発散《はっさん》させようと足《あし》を上《あ》げておしっこをします。しかし、自《じ》信《しん》のない犬《いぬ》ほど、大股開《おおまたびら》きでおしっこしたり、ひどいと逆《さか》立《だ》ちをしておしっこしたり…。自分《じぶん》のニオイをより広《ひろ》く拡散《かくさん》させ、縄張《なわば》りを示《しめ》すために工夫《くふう》をしているのです。また、アピール欲《よく》が強《つよ》いメスも例外《れいがい》的《てき》に足《あし》を上《あ》げておしっこをすることがあるようです。

水《みず》の飲《の》み方《かた》で比《くら》べてみた

犬《いぬ》は、猫《ねこ》より水《みず》飲《の》みがへたっぴ
猫《ねこ》は、そばを食《た》べるように水《みず》を飲《の》む

うん…なんかそんな気《き》がしてたよ？

えっ、どういうこと⁉

水《みず》
うまいよ
水《みず》しぶき
かけないでよね

犬《いぬ》は、猫《ねこ》より水飲《みずの》みがへたっぴ

犬《いぬ》

舌《した》をおたまのようにして
飲《の》むけど結構《けっこう》落《お》ちる

「ダイナミックな水《みず》飲《の》みは仕方《しかた》ないので諦《あきら》めて掃除《そうじ》の準備《じゅんび》でもしましょうか」

猫《ねこ》は水面《すいめん》に舌《した》を少《すこ》し触《ふ》れさせ、舌《した》の裏《うら》にくっついて柱状《はしらじょう》になった水《みず》をすばやく引《ひ》き上《あ》げます。まるでそばをすするように水《みず》を飲《の》むのです。

犬《いぬ》は舌《した》をひしゃくのように曲《ま》げ、水《みず》をすくって飲《の》みます。この飲《の》み方《かた》のせいで舌《した》から水《みず》がこぼれ落《お》ち、猫《ねこ》より水飲《みずの》みがへたといわれています。

しかし、ハーバード大学《だいがく》の研究《けんきゅう》から、犬《いぬ》も猫《ねこ》と同《おな》じ飲《の》み方《かた》なのではないかという説《せつ》が

猫《ねこ》は、そばを食《た》べるように水《みず》を飲《の》む

猫《ねこ》

「ぴちゃぴちゃとまわりを汚《よご》さずに飲《の》む猫《ねこ》の水《みず》飲《の》みはじつに上品《じょうひん》です」

素早《すばや》くまっすぐな
水柱《みずばしら》を立《た》てて飲《の》む

浮上《ふじょう》。舌《した》を曲《ま》げて飲《の》んでいるように見《み》えるだけで、実際《じっさい》は猫《ねこ》と同《おな》じだというのです。この説《せつ》が正《ただ》しいのであれば、同《おな》じ飲《の》み方《かた》なのになぜ犬《いぬ》の水《みず》飲《の》みはへたなのか？　この研究《けんきゅう》によると、一度《いちど》の動作《どうさ》でスマートに水《みず》を飲《の》む猫《ねこ》に対《たい》し、犬《いぬ》は一口《ひとくち》飲《の》むのに数回《すうかい》舌《した》を動《うご》かします。この無駄《むだ》な動作《どうさ》のせいで口《くち》から水《みず》がこぼれ落《お》ち、まわりを水浸《みずびた》しにしてしまうと考《かんが》えられています。

うんこのその後《ご》で比《くら》べてみた

犬《いぬ》はできたてうんこを好《この》む

純粋《じゅんすい》に疑問《ぎもん》、おいしいの?
おっ!
できたて
おいしそうだな
食《た》べちゃお!

猫《ねこ》は犬《いぬ》にうんこを食《く》われる

犬《いぬ》はできたてうんこを好《この》む

犬《いぬ》

わあ〜っ
もっと
ゴージャスなうんこ
見《み》つけたぞ！

「食糞《しょくふん》は犬《いぬ》に多《おお》く、猫《ねこ》に少《すく》ないもの。犬《いぬ》がうんこを食《た》べる理由《りゆう》は未《いま》だ不明《ふめい》」

すべての犬《いぬ》が食糞《しょくふん》をするわけではありませんが、なかには食糞《しょくふん》にハマる犬《いぬ》もいます。

カリフォルニア大学《だいがく》の研究《けんきゅう》で、犬《いぬ》は排泄後《はいせつご》2日以内《かいない》のうんこを好《この》む傾向《けいこう》があるという報告《ほうこく》があります。この行動《こうどう》はオオカミへの一種《いっしゅ》の先祖返《せんぞがえ》りが理由《りゆう》なのではとされていますが、食糞《しょくふん》の理由《りゆう》は未解明《みかいめい》。私《わたし》は子犬時代《こいぬじだい》にうんこを食《た》べると「うんこ＝ミルクっぽいおいしい食《た》べ物《もの》」という情報《じょうほう》

猫《ねこ》

「犬《いぬ》と猫《ねこ》、両方《りょうほう》飼《か》っていれば、猫《ねこ》のうんこを食《た》べる犬《いぬ》を見《み》られるかも」

が刷《す》り込《こ》まれ、大人《おとな》になって思《おも》い出《だ》して食《た》べたときにやみつきになってしまうのではないかと推測《すいそく》しています。でも、実際《じっさい》のところは犬《いぬ》に聞《き》かないとわかりませんね。

かなり異常現象《いじょうげんしょう》ですが、猫《ねこ》のうんこを犬《いぬ》が食《た》べることもあるようです。犬《いぬ》よりも肉食《にくしょく》性《せい》の強《つよ》い猫《ねこ》のフードには、タンパク質《しつ》が多《おお》く含《ふく》まれているため、犬《いぬ》が好《この》んで食《た》べるのではと考《かんが》えられています。

ゲロで比《くら》べてみた

犬《いぬ》のゲロには意味《いみ》がある

ゲロ…
それはある意味《いみ》
究極《きゅうきょく》の離乳食《りにゅうしょく》

猫《ねこ》はゲロより現場《げんば》主義《しゅぎ》

どの世界《せかい》でもやっぱり母強《ははつよ》しなんだね

犬《いぬ》のゲロには意味《いみ》がある

犬《いぬ》

「ゲロは汚《きたな》いものではありません。子犬《こいぬ》にとってはごちそうなのです」

犬《いぬ》は吐《は》き出《だ》すための神経《しんけい》が発達《はったつ》していることもあり、**半《はん》分《ぶん》ほど消化《しょうか》した食《た》べ物《もの》を離乳《りにゅう》食代《しょくが》わりに子犬《こいぬ》に与《あた》えます。**人間《にんげん》の赤《あか》ちゃんと同《おな》じようにやわらかく食《た》べやすいごはんが適《てき》しているのです。人間《にんげん》には汚《きたな》いイメージでも子犬《こいぬ》にとっては立派《りっぱ》なごはんです。

犬《いぬ》が自分《じぶん》のゲロを離乳食《りにゅうしょく》とみなすのに対《たい》し、**猫《ねこ》は自分《じぶん》が吐《は》き出《だ》したゲロを自分《じぶん》の所有《しょゆう》物《ぶつ》と認識《にんしき》**します。吐《は》き出《だ》して

猫《ねこ》はゲロより現場主義《げんばしゅぎ》

猫《ねこ》

「〝自分《じぶん》のことは自分《じぶん》でやれ〟という猫《ねこ》ならではのスパルタ教育《きょういく》です」

も「私《わたし》の食《た》べ物《もの》」には変《か》わりないので、ゲロをしたとしても子猫《こねこ》に与《あた》えることはないでしょう。

では、猫《ねこ》の離乳食《りにゅうしょく》は？ 猫《ねこ》は離乳食《りにゅうしょく》を与《あた》えません。自分《じぶん》の狩《か》りに子《こ》どもたちを連《つ》れて行《い》き、「こうやって獲物《えもの》を獲《と》るのよ」とデモンストレーションを行《おこな》います。母猫《ははねこ》の狩《か》りの様子《ようす》を見《み》て、子猫《こねこ》たちは狩《か》りの方法《ほうほう》を覚《おぼ》え、たくましく生《い》きていくのです。

あれを見《み》たときの反応《はんのう》で比《くら》べてみた

犬《いぬ》はうんこを見《み》ると塗《ぬ》りたくなる!?

うんこだ!
体《からだ》に塗《ぬ》っちゃお!
そ、それだけはやめてくれ~!

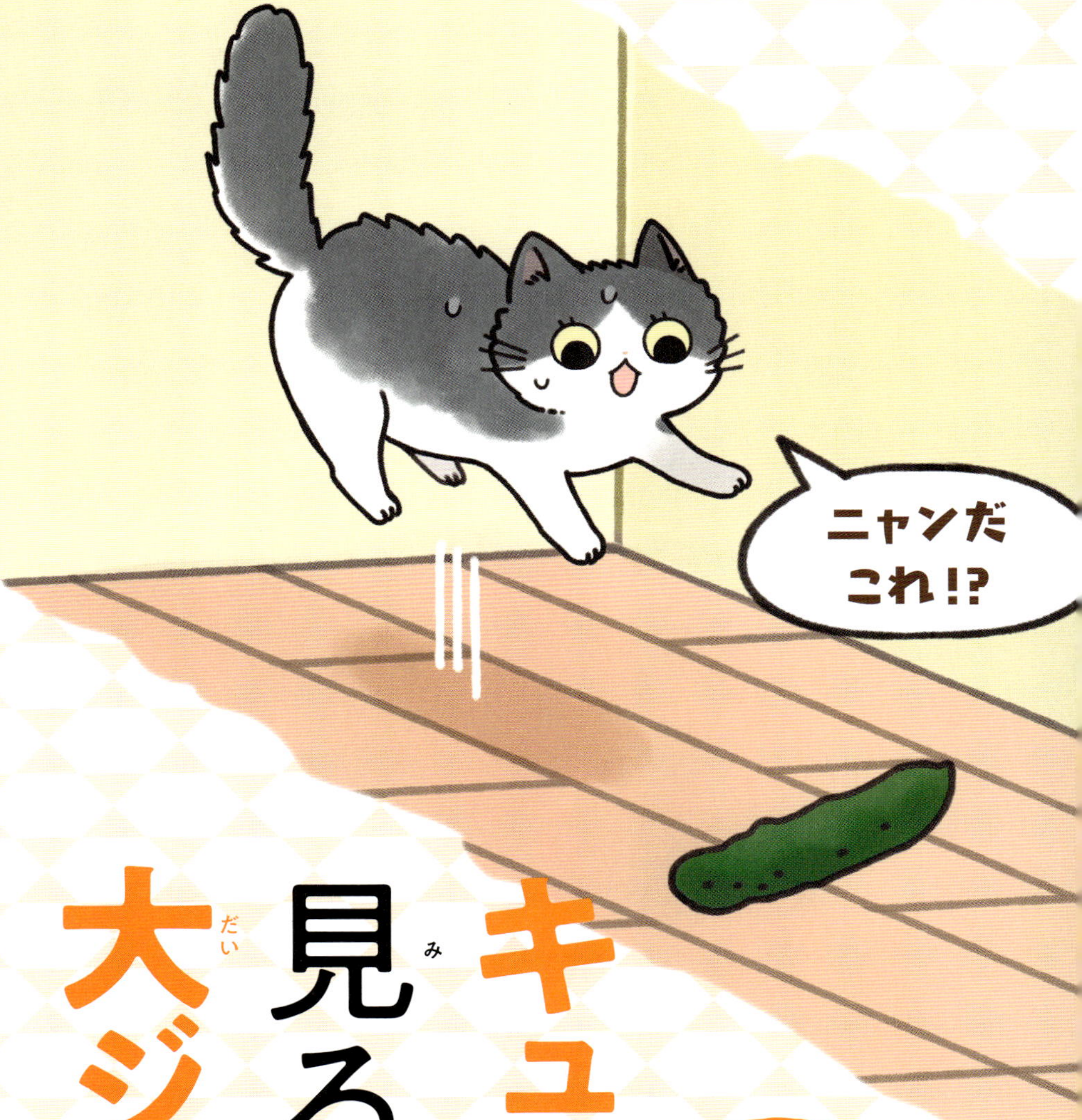
ニャンだこれ!?

猫《ねこ》はキュウリを見《み》ると大《だい》ジャンプ

あ、これ動画《どうが》で見《み》たことあるやつだ

犬《いぬ》はうんこを見《み》ると塗《ぬ》りたくなる!?

これでニオイを
カモフラージュ
できるっショ
気配《けはい》を感《かん》じるモゥ?

犬《いぬ》

「うんこまみれになって帰《かえ》ってきた！そんな状況《じょうきょう》が訪《おとず》れるかもしれません」

犬《いぬ》は牛《うし》のうんこなど、ニオイの強《つよ》いものを体《からだ》につけたがる習性《しゅうせい》があります。理由《りゆう》は未解明《かいめい》ですが、体中《からだじゅう》にうんこを塗《ぬ》ることでカモフラージュの効果《こうか》を得《え》ているのではないかと考《かんが》えられています。狩《か》りをする犬《いぬ》は、獲物《えもの》に気《き》づかれないほうが好都合《こうつごう》。ほかの動物《どうぶつ》のうんこを塗《ぬ》り、気配《けはい》を消しているのかもしれません。

猫《ねこ》にキュウリを見《み》せるとジャンプする動画《どうが》が流行《はや》っ

猫《ねこ》はキュウリを見《み》ると大《だい》ジャンプ

猫《ねこ》

「キュウリだけではなく、猫《ねこ》を急《きゅう》に驚《おどろ》かせるのはナンセンスですよ」

んもー、見慣《みな》れないからびっくりしたよぉ
キュウリかよー 驚《おどろ》かせないでよぉ

たことがありましたね。キュウリだけではなく、猫《ねこ》は見《み》たことのない大《おお》きな物体《ぶったい》を見《み》ると反射的《はんしゃてき》に跳《と》び上《あ》がってしまう「驚愕反応《きょうがくはんのう》」を起《お》こします。びっくりした猫《ねこ》はできるだけ速《すみ》やかにその場《ば》をあとにし、遠《とお》くからおそるおそる再確認《さいかくにん》。しかし、これは猫《ねこ》に過剰《かじょう》なストレスを与《あた》えてしまうため、多《おお》くの研究者《けんきゅうしゃ》が警鐘《けいしょう》を鳴《な》らしている行為《こうい》。むやみに猫《ねこ》を驚《おどろ》かせるのはやめましょう。

天気《てんき》の悪《わる》い日《ひ》で比《くら》べてみた

犬《いぬ》は雪《ゆき》の日《ひ》、すごく喜《よろこ》ぶ

♪犬《いぬ》は喜《よろこ》び庭《にわ》駆《か》け回《まわ》り～ですか
うわぁ～なんだこれ～!?
テンション上《あ》がるワンッ!

猫《ねこ》は雨《あめ》の日《ひ》、すごく眠《ねむ》い

犬《いぬ》は雪《ゆき》の日《ひ》、すごく喜《よろこ》ぶ

犬《いぬ》

「雪《ゆき》に興味津々《きょうみしんしん》の犬《いぬ》。ブルルンとやればどーってことないと思《おも》っているはず」

犬《いぬ》は、雨《あめ》ニモマケズ、雪《ゆき》ニモマケズで大《おお》はしゃぎ。チワワなど小型犬《こがたけん》は寒《さむ》がりですが、一般的《いっぱんてき》に中型犬《ちゅうがたけん》以上《いじょう》は寒《さむ》くても平気《へいき》。猫《ねこ》に比《くら》べて体《からだ》の綿毛《わたげ》が密集《みっしゅう》しているため、体《からだ》の芯《しん》はポカポカです。雪《ゆき》を珍《めずら》しがり、束《つか》の間《ま》の銀世界《ぎんせかい》を目《め》一杯楽《いっぱいたの》しみます。

対《たい》して狩《か》りをする猫《ねこ》は、雨《あめ》が降《ふ》ると狩《か》りに出《で》られません。本能的《ほんのうてき》にお腹《なか》がすかないようにダラダラ寝《ね》て過《す》ごし、

猫《ねこ》は雨《あめ》の日《ひ》、すごく眠《ねむ》い

猫《ねこ》

「雨《あめ》の日《ひ》の猫《ねこ》はお休《やす》みです。これは全国《ぜんこく》猫《ねこ》協会《きょうかい》で決《きま》まっていることでしょう」

明日《あした》の狩《か》りに備《そな》えるのです。

また、メラトニンというホルモンも眠気《ねむけ》を促《うなが》す原因《げんいん》。日光《にっこう》を浴《あ》びるとメラトニンの分泌《ぶんぴつ》は止《と》まるのですが、日光《にっこう》のない雨《あめ》の日《ひ》はメラトニンが出《で》っ放《ぱな》し。こうして猫《ねこ》は眠《ねむ》くなるのです。

ちなみに犬猫《いぬねこ》の肉球《にくきゅう》には冷《つめ》たい・熱《あつ》いという感覚《かんかく》はありません。寒《さむ》さ対策《たいさく》で靴《くつ》を履《は》かせる方《かた》がいますが、彼《かれ》らにとっては謎《なぞ》の布《ぬの》でしょう。

第《たい》1章《しょう》

どんまいな犬《いぬ》と猫《ねこ》のまいにち

どんまいな犬《いぬ》と猫《ねこ》と。「おならの犯人《はんにん》は……」

生態解説《せいたいかいせつ》 猫《ねこ》は野菜《やさい》などをめったに食《た》べないため、ガスのもととなる腸内《ちょうない》バクテリアをあまり持《も》っていません。このため盛大《せいだい》な音《おと》のおならは出《で》ないのですが、フードにクサさの原因《げんいん》となる動物性《どうぶつせい》タンパク質《しつ》が多《おお》く含《ふく》まれているためニオイは強烈《きょうれつ》。対《たい》して人間《にんげん》と同《おな》じく雑食《ざっしょく》の犬《いぬ》は腸内《ちょうない》バクテリアを多《おお》く持《も》っているため、音《おと》を出《だ》しておならをします。ただし、おならというものを認識《にんしき》していないため、飼《か》い主《ぬし》のせいだと思《おも》ってしまうのです。

column 1《コラム》

ウィーアーニャンバーワン! We are No.1! 世界一《せかいいち》〇〇な犬《いぬ》と猫《ねこ》

ギネス記録《きろく》を持《も》つ犬《いぬ》と猫《ねこ》はたくさん!

ご存《ぞん》じの通《とお》り、あらゆるものの世界一《せかいいち》は、〝ギネス世界《せかい》記録《きろく》〟によって認定《にんてい》されます。大《おお》きさなどの「数値《すうち》」の記録《きろく》はもちろん、「24時間《じかん》を一輪車《いちりんしゃ》で走《はし》りきった男《おとこ》」「燃《も》えている男《おとこ》を0・47kmウマで引《ひ》きずった女《おんな》」などちょっぴり笑《わら》える記録《きろく》なども多《おお》くあります。

じつは、ギネス記録《きろく》を持《も》っている犬猫《いぬねこ》もたくさん。今回《こんかい》は、2019年《ねん》4月現在《がつげんざい》のギネス保持者《ほじしゃ》ならぬ、ギネス保持《ほじ》〝犬《いぬ》〟、保持《ほじ》〝猫《ねこ》〟を紹介《しょうかい》していきます。

まずは、世界一《せかいいち》背《せ》の高《たか》い犬《いぬ》のゼウスくん。彼《かれ》の背《せ》の高《たか》さ(地面《じめん》から肩《かた》まで)は

▲大人《おとな》の男性《だんせい》よりも大《おお》きいゼウスくん。

111・8cmもあり、だいたい馬《うま》の赤《あか》ちゃんと同《おな》じくらいの大《おお》きさです。ゼウスくんは毎日《まいにち》13kgものごはんを食《た》べ、2週間《しゅうかん》に70kgずつの増量《ぞうりょう》を重《かさ》ねながら成長《せいちょう》していきました。立《た》ち上《あ》がったときの高《たか》さは2mに達《たっ》するため、大人《おとな》の身長《しんちょう》も余裕《よゆう》で超《こ》えてしまいます。

ちなみにゼウスくんは、ギネス世界記録《せかいきろく》の「背《せ》の高《たか》い犬《いぬ》部門《ぶもん》」では常連《じょうれん》のグレートデンという犬種《けんしゅ》。ドイツ国産《こくさん》でイノシシ狩《が》りの猟犬《りょうけん》として改《かい》良《りょう》されてきたという歴史《れきし》を持《も》つ、ビッグな犬種《けんしゅ》です。

◀背丈《せたけ》だけではなく、胴体《どうたい》も長《なが》い！ アークトゥルスくん。

世界一《せかいいち》背《せ》の高《たか》い猫《ねこ》としっぽの長《なが》い猫《ねこ》が同居《どうきょ》

一方《いっぽう》、世界一《せかいいち》背《せ》の高《たか》い猫《ねこ》として記録《きろく》されたのは、サバンナキャットのアークトゥルスくんです。その背《せ》の高《たか》さは猫《ねこ》なのに48・4cm！ これは、子《こ》ども用《よう》の傘《かさ》と同《おな》じくらいの大《おお》きさです。

ちなみに彼《かれ》と一緒《いっしょ》に住《す》んでいたメインクーンのシグナスくんは、世界《せかい》で最《もっと》も長《なが》いしっぽを持《も》つ猫《ねこ》としてギネス記録《きろく》を持《も》ちました。同《おな》じ家《いえ》に2匹《ひき》もギネス保持猫《ほじねこ》がいたなんて驚《おどろ》きですね。

小《ちい》さいほどかわいい♡
ミニミニサイズの犬猫《いぬねこ》

ビッグな猫《ねこ》の次《つぎ》は、小《ちい》さな犬猫《いぬねこ》を紹介《しょうかい》しましょう。世界《せかい》一背《いちせ》が低《ひく》い犬《いぬ》のギネス記録《きろく》を持《も》っているのはわずか9・65cmのチワワのミラクル・ミリーちゃん。大人《おとな》の手《て》のひらに収《おさ》まってしまうほどのミリーちゃんのかわいさは、まさに悶絶級《もんぜつきゅう》！ 彼女《かのじょ》の生《う》まれたときの体重《たいじゅう》はわずか28g未満《みまん》。単三《たんさん》の乾電池《かんでんち》がおよそ25gなので、どれだけ軽《かる》かったかを想像《そうぞう》できるでしょう。これだけ小《ちい》さいとごはんをあげるのも一苦労《ひとくろう》。飼《か》い主《ぬし》さんは点眼《てんがん》器《き》を使《つか》ってごはんを少《すこ》しずつ与《あた》えていたそうです。

世界一小《せかいいちちい》さな猫《ねこ》の記録保持《きろくほじ》猫《ねこ》はヒマラヤンのティンカートイくん。しっぽの長《なが》さは7cm、体長《たいちょう》は7・5cmしかありません。気《き》をつけないと踏《ふ》み潰《つぶ》してしまいそうです。

ちなみに、ギネス世界記《せかいき》録《ろく》は誰《だれ》でも申請可能《しんせいかのう》なもの。「うちの子《こ》こそ…！」と自信《じしん》のある方《かた》はぜひ挑戦《ちょうせん》してみてはいかがでしょうか？

第《だい》**2**章《しょう》

どんまいな あの犬《いぬ》、あの猫《ねこ》

人間《にんげん》と一緒《いっしょ》に暮《く》らすようになった犬《いぬ》と猫《ねこ》の種類《しゅるい》は膨大《ぼうだい》です。
なかでもペットショップでよく見《み》かける品種《ひんしゅ》について
調《しら》べてみたら、どんまいな個性《こせい》を続々《ぞくぞく》と発見《はっけん》!
うちの子《こ》たちもどんまいだけど、
あなたが飼《か》っているワンちゃん・ネコちゃんは、
どんなどんまいな一面《いちめん》を持《も》っているのでしょうか?

ントは腰痛《ようつう》になる

短《みじか》い足《あし》で腰《こし》を支《ささ》えてて、
いつもお疲《つか》れさまだね

は腰《こし》にくる

足《あし》が短《みじか》いとかわいいけど
大変《たいへん》なんだね～

犬《いぬ》 ダックスフ 胴長《どうなが》すぎて

猫《ねこ》 マンチカン 短足《たんそく》すぎて

ダックスフントは胴長《どうなが》すぎて腰痛《ようつう》になる

犬《いぬ》

「アナグマ狩《が》りのために作《つく》られたダックスフントは腰痛《ようつう》がたまにキズ」

アナグマ狩《が》りのためのパートナーとして作《つく》られたダックスフント。ドイツ語《ご》で「dachs《ダックス》」はアナグマ、「hund《フント》」は犬《いぬ》を表《あらわ》します。直訳《ちょくやく》すると、まさかの〝アナグマ犬《けん》〟です。

穴《あな》に入《はい》る際《さい》、土《つち》が耳《みみ》に入《はい》らないようにと垂《た》れ耳《みみ》に。また、穴《あな》に入《はい》りやすいように胴長《どうなが》で足《あし》が短《みじか》くなっています。しかし、この長《なが》い胴《どう》のせいで脊髄《せきずい》を痛《いた》めやすく、腰痛《ようつう》に悩《なや》むこともしばしば。とくに老犬《ろうけん》に

マンチカンは短足《たんそく》すぎて腰《こし》にくる

猫《ねこ》

「マンチカンは、自分《じぶん》の足《あし》の短《みじか》さの自覚《じかく》が足《た》りないんだと思《おも》います」

なるとヘルニアにもなりやすいといわれています。
人気《にんき》の猫《ねこ》であるマンチカンも足《あし》が短《みじか》め。足《あし》が短《みじか》い分《ぶん》、もちろん足腰《あしこし》には負担《ふたん》がかかります。小《ちい》さい体《からだ》にもかかわらず、とても好奇心《こうきしん》が強《つよ》く遊《あそ》ぶことが大好《だいす》きな性格《せいかく》で、階段《かいだん》の上《のぼ》り下《お》りだってイモムシのようにウネウネと果敢《かかん》にチャレンジ。急《きゅう》な階段《かいだん》は…まあ、予想通《よそうどお》り腰《こし》にきてしまうんですけどね。

シェパードは
のに軟便《なんべん》

究極《きゅうきょく》のギャップ犬《けん》!

ュフォールドは
どんくさい

猫《ねこ》はみんな身軽《みがる》じゃないんかい

犬《いぬ》ジャーマン

かっこいい

猫《ねこ》スコティッシ

猫《ねこ》なのに

ジャーマンシェパードはかっこいいのに軟便《なんべん》

犬《いぬ》

「警察犬《けいさつけん》って公務員《こうむいん》ですよ？　そりゃ気《き》を使《つか》ってればストレスがたまりますよ」

イケメン犬《けん》とはまさにジャーマンシェパードのこと。服従心《ふくじゅうしん》が強《つよ》く勇敢《ゆうかん》なシェパードは、警察犬《けいさつけん》としても知《し》られます。神経《しんけい》をすり減《へ》らして働《はたら》いているせいか少々寿命《しょうしょうじゅみょう》は短《みじか》め。犬《いぬ》ながらも労働《ろうどう》で気《き》を使《つか》っているのでしょう。そういうストレスは胃腸《いちょう》にくるもので、かっこよさとは裏腹《うらはら》にお腹《なか》を壊《こわ》しやすく軟便《なんべん》です。ストレス社会《しゃかい》で生《い》き抜《ぬ》く人間《にんげん》が胃潰瘍《いかいよう》になりやすいように、ね。

スコティッシュフォールドは猫《ねこ》なのにどんくさい

猫《ねこ》

「まあ、そんなどんくさいところに人間《にんげん》は夢中《むちゅう》になってしまうんですよね」

猫《ねこ》の見《み》た目《め》をしているのにどんくさい猫《ねこ》がいます。スコティッシュフォールドです。ドテッとした体《からだ》のせいで猫《ねこ》なのにジャンプが苦手《にがて》。ただ、自分《じぶん》では身軽《みがる》だと思《おも》い込《こ》んでいるため、跳《と》んでは失敗《しっぱい》します。失敗《しっぱい》すると猫《ねこ》だって落《お》ち込《こ》みます。よく見《み》てみると「なんのこれしき！」と自分《じぶん》を励《はげ》ますために毛《け》づくろいや爪《つめ》とぎをして、必死《ひっし》に気《き》を紛《まぎ》らわしているはずです。

しゃくれ顎《あご》でへた

しゃくれちゃってると大変《たいへん》だねぇ

ムですよぉ〜

ぺちゃんこ顔《がお》でへた

でも、ぶちゃ顔《がお》って
たまんなくかわいいよね〜♡

犬《いぬ》シーズーは食《た》べるのが

猫《ねこ》ペルシャは食《た》べるのが

シーズーはしゃくれ顎《あご》で食《た》べるのがへた

きないタイム…

犬《いぬ》

「わざとじゃないんです。だから、食《た》べ方《かた》が汚《きたな》いのは許《ゆる》してあげましょう」

品種改良《ひんしゅかいりょう》によってマズル※の短《みじか》い犬《いぬ》が誕生《たんじょう》しました。シーズーをはじめとするマズルの短《みじか》い犬《いぬ》は「短頭種《たんとうしゅ》」と呼《よ》ばれ、ぺちゃ鼻《ばな》が顔《かお》にのめり込《こ》んでいます。呼吸《こきゅう》もしづらく、嗅覚《きゅうかく》も劣《おと》るといわれていますが、一番《いちばん》の代償《だいしょう》は食《た》べるのがへたくそになったことでしょう。上顎《うわあご》が下顎《したあご》に比《くら》べて小《ちい》さいシーズーはしゃくれ顎《あご》の犬《いぬ》です。マズルの長《なが》い犬《いぬ》のように鼻先《はなさき》を使《つか》って上品《じょうひん》に食《た》べられ

※マズルとは口《くち》まわりから鼻先《はなさき》にかけての部分《ぶぶん》のこと

ペルシャはぺちゃんこ顔《がお》で食《た》べるのがへた

猫《ねこ》

なかなかもぐもぐで

「舌《した》の裏《うら》を器《き》用《よう》に使《つか》って…とは言《い》い難《がた》いペルシャ、どんまい！」

ず、顔面《がんめん》ごとごはんに突《つ》っ込《こ》むしかありません。

ぺちゃんこ顔《がお》のペルシャの食事《しょくじ》タイムも難儀《なんぎ》そのもの。舌《した》の裏側《うらがわ》を使《つか》って一生懸命《いっしょうけんめい》食《た》べ物《もの》を口《くち》に運《はこ》びますが、ボロボロとフードがこぼれ落《お》ちてしまいます。ペルシャの食《た》べる速度《そくど》は一般的《いっぱんてき》な猫《ねこ》の半分《はんぶん》程度《ていど》であることもわかっており、これはもう「それでもがんばれ！」と彼《かれ》らを応援《おうえん》するしかなさそうです。

もふもふで悩《なや》むコンビ

は、"ポメハゲ"

しれない

あーあ、
せっかくカットしたのに…

は、ふわもこで

りやすい

その毛《け》の量《りょう》、
夏《なつ》は地獄《じごく》だね

犬《いぬ》 ポメラニアン になるかも

猫《ねこ》 ラグドール 熱《ねっ》中《ちゅう》症《しょう》にな

ポメラニアンは、"ポメハゲ"になるかもしれない

犬《いぬ》

「誰《だれ》ですか？ "ポメハゲ"なんていうおもしろい言葉《ことば》を考《かんが》え出《だ》したのは」

猫《ねこ》の平熱《へいねつ》は37〜39度《ど》と人間《にんげん》よりも高《たか》めですが、呼吸《こきゅう》でしか熱《ねつ》を発散《はっさん》できない猫《ねこ》にとっては、温度《おんど》よりも風通《かぜとお》しのよさと湿度《しつど》が問題《もんだい》。夏場《なつば》、湿度《しつど》が上《あ》がりすぎると熱《ねつ》を発散《はっさん》しづらくなるからです。

猫《ねこ》のためにエアコンをつけっぱなしにしておくときは、湿度《しつど》を下《さ》げることが重要《じゅうよう》。温《おん》度《ど》は28〜30度《ど》ほどでOKです。湿度《しつど》が低《ひく》ければ猫《ねこ》は自分《じぶん》で呼吸《こきゅう》をして適温《てきおん》を調整《ちょうせい》でき

ラグドールは、ふわもこで熱中症《ねっちゅうしょう》になりやすい

猫《ねこ》

「もふタイプの猫《ねこ》を飼《か》うのであれば、夏《なつ》の電気代《でんきだい》は覚悟《かくご》しておくことですね」

るのです。ラグドールなど、かわいいもふもふ猫《ねこ》のことを考《かんが》えれば電気代《でんきだい》など安《やす》いものでしょう?

トリミングしたポメラニアンの毛《け》がいつまで経《た》っても伸《の》びてこないことがあるといいます。これを「ポメハゲ」と呼《よ》ぶらしいのですが、原因《げんいん》は今《いま》のところわかっていません。ホルモン異常《いじょう》というより、おそらくストレスが関係《かんけい》しているのでしょうね。

は、

人間《にんげん》も犬《いぬ》も歯《は》は一生《いっしょう》ものだよ？

りやすい

ショートヘアは、

い

華麗《かれい》な名前《なまえ》との
ギャップがすごいわ

犬《いぬ》 マルチーズ 歯《し》垢《こう》がたま

猫《ねこ》 エキゾチック 口《こう》臭《しゅう》がキツ

マルチーズは、歯垢《しこう》がたまりやすい

犬《いぬ》

「小型《こ がた》犬《けん》は顎《あご》も小型《こ がた》なばっかりに…一生《いっしょう》、歯垢《し こう》に悩《なや》まされることでしょう」

はーい、キレイにしようね
だって口《くち》小《ちい》さいんだもん
シャカ
シャカ
シャカ

マルチーズやエキゾチックショートヘアがお口《くち》トラブルを抱《かか》えてしまう理由《り ゆう》は同《おな》じ。歯《は》の大渋滞《だいじゅうたい》が原因《げんいん》です。どんなに品種改良《ひんしゅかいりょう》が進《すす》んでも歯《は》の数《かず》は減《へ》らせないのです。

小型化《こ がた か》された犬《いぬ》でも42本《ほん》、猫《ねこ》は30本《ぼん》の歯《は》が小《ちい》さな口《くち》の中《なか》にぎっしり詰《つ》まっているため、食《た》べカスがつきやすく、口臭《こうしゅう》や歯垢《し こう》がたまりやすい原《げん》因《いん》となります。こればっかりはどうにもなりませんねぇ。

エキゾチックショートヘアは、口臭《こうしゅう》がキツい

猫《ねこ》

「歯《は》磨《みが》きが苦手《にがて》な猫《ねこ》の口臭《こうしゅう》対策《たいさく》は、非常《ひじょう》にむずかしいものです」

嫌《いや》
無《む》理《り》です
サッ
いや…
ねぇ、ちょっと
がんばろうよ…

不幸中《ふこうちゅう》の幸《さいわ》いで犬《いぬ》の口《くち》には歯《は》ブラシのような器官《きかん》があり、ある程度《ていど》は掃除《そうじ》をしてくれます。口《くち》の内側《うちがわ》にヒダがあり、開《あ》け閉《し》めするごとに歯《は》を掃除《そうじ》してくれる優《すぐ》れものです。

対《たい》して猫《ねこ》はこのような器官《きかん》が備《そな》わっていないうえ、歯磨《はみが》きも嫌《きら》い。自由人《じゆうじん》の猫《ねこ》にじっとしてもらうのは至難《しなん》の業《わざ》です。逃《に》げられてしまうので、諦《あきら》めて虫歯《むしば》のもととなるでんぷん質《しつ》は与《あた》えないに限《かぎ》ります。

あだ名《な》で悩《なや》むコンビ

犬《いぬ》コモンドールは見《み》た目《め》からして〝モップ〟犬《けん》

猫《ねこ》マンクスは猫《ねこ》なのに〝バニー〟キャット

ちょっ、前《まえ》見《み》えてるんです？

まあ、その見《み》た目《め》なら仕方《しかた》ないよねぇ

位置《いち》について、よ〜い…
犬《いぬ》と猫《ねこ》の競走《きょうそう》です！

コモンドールは見《み》た目《め》からして"モップ"犬《けん》

犬《いぬ》

「私《わたし》は、コモンドールはモップの生《う》まれ変《か》わりだと思《おも》います」

バッフ
バフ
おーっと、これはモップとウサギ～!?

「モップ犬《けん》」という別名《べつめい》を持《も》つのはコモンドールです。羊《ひつじ》に似《に》せた品種改良《ひんしゅかいりょう》の結果誕《けっかたん》生《じょう》したコモンドールは、牧羊《ぼくよう》犬《けん》や護衛犬《ごえいけん》として活躍《かつやく》しています。現在《げんざい》、実用犬《じつようけん》として飼《か》われているのは、ハンガリーやアメリカなど数《すう》か国《こく》のみ。特殊《とくしゅ》な毛質《もうしつ》で暖《あたた》かい気候《きこう》を苦《にが》手《て》とするコモンドールは、日《に》本《ほん》ではなかなか飼《か》えません。

マンクスの別名《べつめい》は「バニーキャット」。しっぽが短《みじか》く、

マンクスは猫《ねこ》なのに"バニー"キャット

猫《ねこ》

「駆《か》け込《こ》み乗車《じょうしゃ》にはご注意《ちゅうい》ください。マンクスのようにしっぽが切《き》れます」

長《なが》い後《うし》ろ足《あし》でピョンピョンと跳《は》ねながら移動《いどう》する様《さま》は、もはや、ほぼウサギですね。

マンクスのしっぽが短《みじか》い理《り》由《ゆう》として有名《ゆうめい》な俗説《ぞくせつ》は、ノアの方舟《はこぶね》の話《はなし》。急《きゅう》な雨《あめ》のため、ノアの方舟《はこぶね》の乗員《じょういん》が急《いそ》いで舟《ふね》のドアを閉《し》めようとした瞬間《しゅんかん》に駆《か》け込《こ》み乗船《じょうせん》したマンクス。タイミング悪《わる》く、ドアにしっぽが挟《はさ》まれてしまったといわれています。信《しん》じるか信《しん》じないかはあなた次第《しだい》!

第《だい》2章《しょう》 どんまいなあの犬《いぬ》、あの猫《ねこ》

どんまいな犬《いぬ》と猫《ねこ》と。

「犬《いぬ》と猫《ねこ》のおしっこ事情《じじょう》」

生態解説《せいたいかいせつ》 犬《いぬ》が“うれしょん”をする理由《りゆう》は、「興奮《こうふん》のあまりおしっこを漏《も》らすから」だけではなく、「おしっこを漏《も》らすことで服従心《ふくじゅうしん》をアピールする」という本能的《ほんのうてき》な習性《しゅうせい》から起《お》こる行為《こうい》でもあります。対《たい》して猫《ねこ》は、犬《いぬ》のようにわかりやすくおしっこはせず、家中《いえじゅう》にひそかにおしっこスプレーでマーキング。ただし、犬《いぬ》に比《くら》べてアンモニア臭《しゅう》がキツイため、紫外線《しがいせん》に反応《はんのう》するブラックライトで照《て》らすとおしっこが光《ひか》り輝《かがや》きます。

column《コラム》 2

ウィーアーニャンバーワン!

We are No.1!

世《せ》界《かい》一《いち》〇〇な犬《いぬ》と猫《ねこ》

トンデモ記録《きろく》!? 世界一長《せかいいちなが》い舌《した》を持《も》つ犬《いぬ》

ギネス世界記録《せかいきろく》を持《も》つ犬猫《いぬねこ》はさまざま。「えっ、そこ?」と思《おも》わず言《い》いたくなるようなオモシロ記録《きろく》も実在《じつざい》します。

まずは、世界記録《せかいきろく》の舌《した》を持《も》つ犬《いぬ》、セントバーナードのモチちゃん。前記録保持犬《ぜんきろくほじいぬ》の記録《きろく》を7cm以上《いじょう》も更新《こうしん》して新記録《しんきろく》となった18・58cmの舌《した》を持《も》っています。しかし、この長《なが》すぎる舌《した》はときに苦労《くろう》の種《たね》になることも。呼吸困難《こきゅうこんなん》の原因《げんいん》になったり、よだれが過剰《かじょう》に出《で》たり…。また、ダラッと垂《た》れた舌《した》にはゴミなどが付着《ふちゃく》してしまうため、家族《かぞく》は常《つね》に取《と》り除《のぞ》いてあげているんだとか。

▲街《まち》ゆく人《ひと》の視線《しせん》もひとりじめしちゃいそうなモチちゃんの舌《した》。

スクーターと自転車《じてんしゃ》を乗《の》りこなすハイパー犬《けん》

一方《いっぽう》、とても芸達者《げいたっしゃ》な犬《いぬ》も存在《そんざい》します。ドッグトレーナーの飼《か》い主《ぬし》の元《もと》で暮《く》らすブリアードのノーマンくんです。

彼《かれ》の芸《げい》を覚《おぼ》えるスピードの速《はや》さに気《き》づいた飼《か》い主《ぬし》はギネス世界記録《せかいきろく》「犬《いぬ》によるスクーター30m走《そう》」に申請《しんせい》。練習《れんしゅう》の末《すえ》、ノーマンくんは見事《みごと》20・77秒《びょう》で30mを完走《かんそう》し、ギネス世界《せかい》記録保持犬《きろくほじいぬ》となりました。

飼《か》い主《ぬし》は、トレーニング好《ず》きのノーマンくんへドッグスポーツをはじめ、縄跳《なわと》びやバスケットボールなどをどんどん教《おし》えていきます。そしてついには、犬《いぬ》なのに自転車《じてんしゃ》に乗《の》れるように！ 2013年《ねん》、ギネス記録《きろく》「犬《いぬ》による自転車《じてんしゃ》30m走《そう》」に挑戦《ちょうせん》したノーマンくんは見事《みごと》、55・41秒《びょう》で走《はし》りきりました。こうしてノーマンくんはスクーター走《そう》と自転《じてん》車走《しゃそう》の2つのギネス記録《きろく》を持《も》つ芸達者《げいたっしゃ》な犬《いぬ》となったのです。そんなノーマンくんですが、2017年《ねん》にステージⅣのガンと診断《しんだん》を受《う》け、現在《げんざい》は闘病中《とうびょうちゅう》。元気《げんき》になって新《あら》たなギネス記録《きろく》に挑戦《ちょうせん》する日《ひ》を願《ねが》いましょう。

◀スクーターを華麗《かれい》に乗《の》りこなすノーマンくん。

ネズミを捕《と》らえるハンターすぎる!? 猫《ねこ》ちゃん

最後《さいご》に紹介《しょうかい》するのは、世界《せかい》一《いち》スナイパー気質《きしつ》な猫《ねこ》（？）といっても過言《かごん》ではないメス猫《ねこ》、タウザーちゃんです。彼女《かのじょ》は24年間《ねんかん》で2万《まん》8899匹《ひき》ものネズミを捕《つか》まえたというギネス記録《きろく》を持《も》っています。

なぜ、こんなにとんでもない数《かず》のネズミを捕《つか》まえられたのか？　それは、タウザーちゃんが「ウイスキーキャット」だったから。タウザーちゃんが飼《か》われていたウイスキーの蒸留所《じょうりゅうじょ》には、原料《げんりょう》となる大麦《おおむぎ》がたっぷりとあり、これをネズミから守《まも》るというのが彼女《かのじょ》のお仕事《しごと》だったのです。

彼女《かのじょ》が捕《と》らえたとされる2万以上《まんいじょう》のネズミの数《かず》は、実際《じっさい》の死骸《しがい》をカウントしたわけではなく、「1日《にち》に3匹捕獲《びきほかく》」という平均値《へいきんち》から割《わ》り出《だ》された数《かず》ではありますが、その功績《こうせき》が讃《たた》えられ、彼女《かのじょ》の死後《しご》に銅像《どうぞう》が建《た》てられました。英雄《えいゆう》として歴史《れきし》に名《な》を刻《きざ》んだタウザーちゃんの銅像《どうぞう》、一度《いちど》は見《み》に行《い》ってみたいですね。

すごいでしょ
TOWSER
21 APRIL 1963 – 20 MARCH 1987

第《だい》3章《しょう》

どんまいな飼《か》い主《ぬし》たち

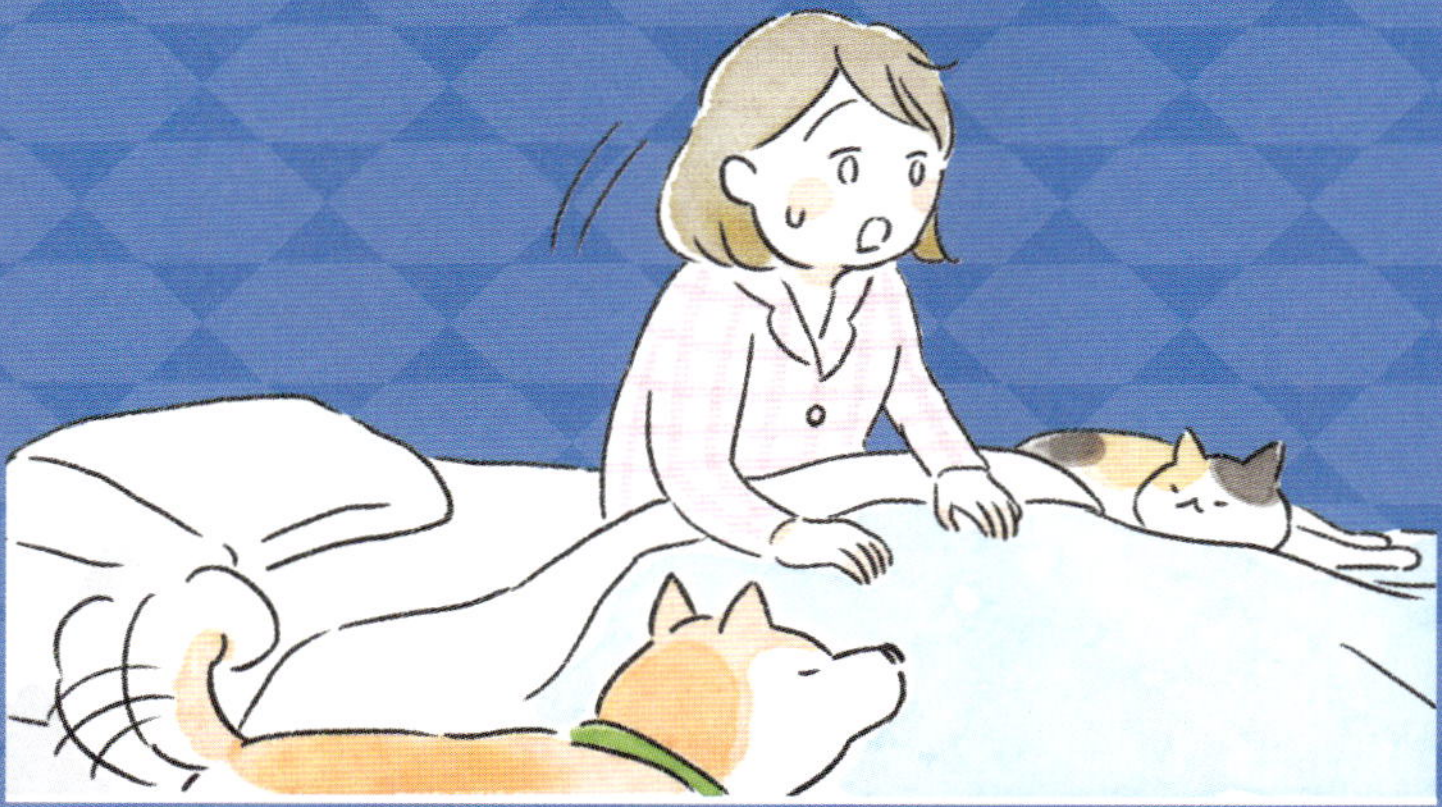

犬《いぬ》と猫《ねこ》、両方《りょうほう》のどんまいな魅力《みりょく》に、毎日《まいにち》癒《い》やされています。

しかし、ある夜《よる》。2匹《ひき》が夢《ゆめ》の中《なか》に出現《しゅつげん》！

「俺《おれ》たちのこと、どんまいなんて言《い》っているけれど、人間《にんげん》だって

どんまいなんだからな！」その晩《ばん》、私《わたし》は悪夢《あくむ》でうなされて…。

彼《かれ》らから見《み》た人間《にんげん》のどんまいポイントがわかれば、

犬猫《いぬねこ》たちともっと仲良《なかよ》くなれるかも？

人間《にんげん》の肌《はだ》は

色《いろ》

いやいや、怪物《かいぶつ》くんってこと？

危《あぶ》なすぎじゃない？ じゃ何信号《なにしごごう》なの？

在《ざい》しない

犬《いぬ》から見《み》ると、シュレック

猫《ねこ》から見《み》ると、赤信号《あかしんごう》は存《そん》

犬《いぬ》から見《み》ると、人間《にんげん》の肌《はだ》はシュレック色《いろ》

犬《いぬ》

イッシッシッ…
シュレックじゃねーよ！

「犬《いぬ》にとって、私《わたし》たちはいつも顔色《かおいろ》が悪《わる》そうな異星人《いせいじん》に見《み》えています」

人間《にんげん》は色鮮《いろあざ》やかな世界《せかい》を見《み》ることができますが、犬《いぬ》が認識《にんしき》できる色《いろ》は、青《あお》と黄《き》のみ。赤色《あかいろ》はわからないという説《せつ》があります。だとすると赤味《あかみ》が混《ま》じっている人間《にんげん》の肌《はだ》を犬《いぬ》は認識《にんしき》できず、くすんだ緑色《みどりいろ》に見《み》えることに。某映画《ぼうえいが》の怪物《かいぶつ》のようにいつでも私《わたし》たちの顔色《かおいろ》は悪《わる》く見《み》えているらしいのです。また、猫《ねこ》が認識《にんしき》できる色《いろ》は緑《みどり》と黄《き》と青《あお》。犬同様《いぬどうよう》、ほぼ赤《あか》を認識《にんしき》できないといわれ、

猫《ねこ》から見《み》ると、赤信号《あかしんごう》は存在《そんざい》しない

猫《ねこ》

「どんよりとしている猫《ねこ》の世界《せかい》では、赤信号《あかしんごう》は機能《きのう》していないのです」

＜猫《ねこ》の世界《せかい》では…＞
いつも一番右《いちばんみぎ》だけ
光《ひか》らないですね～

猫《ねこ》にとって赤信号《あかしんごう》は永遠《えいえん》に点《てん》滅《めつ》しません。

ところで犬猫《いぬねこ》がはっきり赤《あか》色《いろ》を認識《にんしき》できないのは彼《かれ》らが肉食動物《にくしょくどうぶつ》だからだといわれています。植物《しょくぶつ》は果実《かじつ》が成熟《せいじゅく》すると種《たね》を運《はこ》んでもらうために赤色《あかいろ》になります。これは草《そう》食動物《しょくどうぶつ》に「食《た》べられるよ」とサインを送《おく》っているようなもの。一方《いっぽう》で肉食《にくしょく》の犬猫《いぬねこ》には果実《かじつ》が赤《あか》かろうが関係《かんけい》なし。不要《ふよう》な機能《きのう》は退化《たいか》していくのです。

犬《いぬ》は賢《かしこ》いといわれるが、10秒《びょう》前《まえ》のことさえ忘《わす》れる

君《きみ》、頭《あたま》いいんじゃなかったっけ?

猫《ねこ》は魚《さかな》のこと、ほんとはそんなに好《す》きじゃない

今《いま》まであげてきた魚《さかな》を返《かえ》してくれ～

はしゃいでうれション
しちゃった〜♡
…もう！ あとで
叱《しか》らないと。とりあえず
宅配便《たくはいびん》…
ピンポーン♪

魚《さかな》かあ…
・・・。

犬《いぬ》は賢《かしこ》いといわれるが、10秒《びょう》前《まえ》のことさえ忘《わす》れる

犬《いぬ》

「犬《いぬ》の記《き》憶《おく》の仕《し》組《く》みを考《かんが》えると、しつけのタイミングは超《ちょう》重《じゅう》要《よう》です」

おもらしした犬《いぬ》を数分後《すうふんご》に叱《しか》っても、ポカンとして何《なん》のことで怒《おこ》られているのかさっぱりわからないでしょう。

これは犬《いぬ》の「短期記憶《たんききおく》」のせい。犬《いぬ》は感情《かんじょう》と出来事《できごと》をセットで覚《おぼ》えて「長期記憶《ちょうききおく》」として保存《ほぞん》するため、感情《かんじょう》が伴《ともな》わない瞬間的《しゅんかんてき》な出来事《できごと》はすぐに忘《わす》れてしまうのです。多《おお》くの研究者《けんきゅうしゃ》によると、短期記憶《たんききおく》が続《つづ》くのは10〜20秒《びょう》ほど。犬《いぬ》のしつけはタイミングが命《いのち》。な

猫《ねこ》は魚《さかな》のこと、ほんとはそんなに好《す》きじゃない

猫《ねこ》

「さあ、今《いま》こそ思《おも》い出《だ》すときですよ。彼《かれ》らはれっきとした〝肉《にく》食《しょく》動《どう》物《ぶつ》〟です」

るべく早《はや》く叱《しか》ることを意識《いしき》すべきでしょう。

猫《ねこ》は魚《さかな》が好《す》きというのも俗《ぞく》説《せつ》です。この認識《にんしき》は日本特有《にほんとくゆう》。日本人《にほんじん》が魚中心《さかなちゅうしん》の食生活《しょくせいかつ》を送《おく》っていた昔《むかし》、猫《ねこ》も魚《さかな》をもらっていたことからこのイメージがついたといわれています。本来《ほんらい》、猫《ねこ》は肉食《にくしょく》。欧米《おうべい》のフードは肉類《にくるい》を原料《げんりょう》とするものが多《おお》いくらいですからね。嫌《きら》いなわけじゃないんですけど、肉《にく》のほうが好《す》きです。

犬《いぬ》

飼《か》い主《ぬし》の「高《たか》い高《たか》い」は犬《いぬ》にとってただの恐怖《きょうふ》

え？ 嬉《うれ》しくなかったの⁉

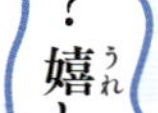

猫《ねこ》

飼《か》い主《ぬし》の手助《てだす》けは猫《ねこ》にとっていい迷惑《めいわく》

なんか、ごめん…。ちょっとヘコむわ…

やべっ…
上《のぼ》りすぎた
・・・。
高《たか》い高《たか》～い！

飼《か》い主《ぬし》の「高《たか》い高《たか》い」は犬《いぬ》にとってただの恐怖《きょうふ》

犬《いぬ》

「犬《いぬ》の多《おお》くは高所恐怖症《こうしょきょうふしょう》なんです。持《も》ち上《あ》げられたら内心《ないしん》ビビりっぱなし」

犬《いぬ》は、根本的《こんぽんてき》に高《たか》いところが苦手《にがて》ないきもの。猿《さる》を祖先《そせん》に持《も》つ人間《にんげん》の子《こ》どもが「高《たか》い高《たか》い」を好《す》きなのは頷《うなず》けます。でも、人間《にんげん》と同《おな》じように犬《いぬ》に「高《たか》い高《たか》い」をしてあげればいいってもんじゃないのです。喜《よろこ》んでくれるだろうと思《おも》っているならよく犬《いぬ》を見《み》てください。青《あお》ざめて固《かた》まってしまっていますよ。

対《たい》して、木《き》の上《うえ》で生活《せいかつ》してきた猫《ねこ》は高《たか》いところが大好《だいす》き。

飼《か》い主《ぬし》の手助《てだす》けは猫《ねこ》にとっていい迷惑《めいわく》

猫《ねこ》

「猫《ねこ》は降《お》り方《かた》も失敗《しっぱい》しながら学《まな》びます。〝かわいい猫《ねこ》には失敗《しっぱい》をさせよ〟、です」

もう！ほんと過保護《かほご》ニャンだから！
ふいっ
どうおりようか今《いま》、考《かんが》えたのに！
ね、おろしてあげよっか？

猫《ねこ》にとっては下《お》りるところまでが練習《れんしゅう》です。猫《ねこ》は多少《たしょう》落《お》ちても大丈夫《だいじょうぶ》なように体《からだ》の骨格《こっかく》がやわらかくできているため怪我《けが》の心配《しんぱい》は不要《ふよう》なのですが、「どうやったら上手《じょうず》に下《お》りられるか」を学《まな》ぼうとしている猫《ねこ》に対《たい》し、私《わたし》たち人間《にんげん》はすぐ手助《てだす》けしてしまいがち。これがまあ、猫《ねこ》にとってはいい迷惑《めいわく》で、内心《ないしん》「もう、ほっといてくれよ」と思《おも》っているんでしょうね。

あの飼《か》い主《ぬし》がやばい！

犬《いぬ》

北条高時《ほうじょうたかとき》は、犬《いぬ》にハマって幕府《ばくふ》を潰《つぶ》した

仕事《しごと》してくれ〜！

猫《ねこ》

ニュートンは猫《ねこ》にごはんを与《あた》えて自分《じぶん》はガリガリ

あの発明家《はつめいか》が!? なぜ!?

ほれ、どんどんお食《た》べ
すごい、ごちそうだ！
旦那様《だんなさま》、ごはんですよ
食べないの？
ああ、進《すす》まない…

北条高時《ほうじょうたかとき》は、犬《いぬ》にハマって幕府《ばくふ》を潰《つぶ》した

犬《いぬ》

「闘犬狂《とうけんぐる》いの鎌倉時代《かまくらじだい》の武将《ぶしょう》、高時《たかとき》。ほどほどにすればよかったのに…」

北条高時《ほうじょうたかとき》は犬《いぬ》と犬《いぬ》を戦《たたか》わせる闘犬《とうけん》にハマりすぎて鎌倉《かまくら》幕府《ばくふ》を滅亡《めつぼう》させたといわれる武将《ぶしょう》です。彼《かれ》は政治《せいじ》そっちのけで全国《ぜんこく》から犬《いぬ》を集《あつ》めまくり、ごちそうを与《あた》えるのはもちろん、豪華《ごうか》な錦《にしき》の衣《ころも》を着《き》せ、輿《みこし》に乗《の》せて移動《いどう》させるほど犬《いぬ》に夢中《むちゅう》だったようです。

万有引力《ばんゆういんりょく》の発見《はっけん》で有名《ゆうめい》なニュートンは無類《むるい》の猫好《ねこず》きでした。研究《けんきゅう》に没頭《ぼっとう》するあまり食《た》べそびれた自分《じぶん》の食事《しょくじ》を当時《とうじ》

猫《ねこ》

「世界《せかい》で有名《ゆうめい》なあの発明家《はつめいか》も猫《ねこ》には頭《あたま》が上《あ》がらなかったのでしょうか」

飼《か》っていた2匹《ひき》の猫《ねこ》にそのまま与《あた》えていたとか。猫《ねこ》は丸々《まるまる》と太《ふと》り、ニュートンはどんどんガリガリに…というどんまいな構図《こうず》が目《め》に浮《う》かびます。

ちなみに彼《かれ》はキャット・フラップという猫用《ねこよう》のドアも発明《はつめい》しています。暗《くら》い部屋《へや》での光学《こうがく》の実験中《じっけんちゅう》、猫《ねこ》の求《もと》めに応《おう》じてドアを開《あ》けていると実験《じっけん》の妨《さまた》げになってしまうために開発《かいはつ》したようです。猫中心《ねこちゅうしん》の生活《せいかつ》だったのでしょうね。

第《だい》3章《しょう》

どんまいな飼《か》い主《ぬし》たち

犬《いぬ》飼《か》い主《ぬし》がだらしないと犬《いぬ》もマネしてダラつく

猫《ねこ》飼《か》い主《ぬし》を起《お》こすのは「エサやり」をしつけるため

今日《きょう》から自分《じぶん》を見直《みなお》そうと思《おも》いますっ

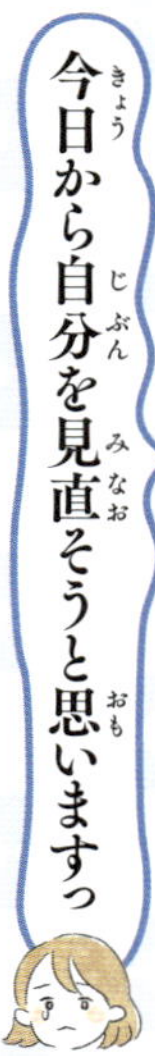

はっ…。私《わたし》って都合《つごう》の良《よ》い存在《そんざい》!?

zzz…
zzz…
ねぇねぇ、
早《はや》く起《お》きてよ～

飼《か》い主《ぬし》がだらしないと犬《いぬ》もマネしてダラつく

犬《いぬ》

「犬《いぬ》がだらしなくなってきたのは、あなたのせいかもしれませんよ？」

群《む》れ社会《しゃかい》で生《い》きる犬《いぬ》にとって、リーダー（＝飼《か》い主《ぬし》）を超《こ》える行為《こうい》はご法度《はっと》。飼《か》い主《ぬし》がだらしなくしていると犬《いぬ》もそれに従《したが》い、ダラつきます。

しかし、いきすぎると「こいつにリーダーの品格《ひんかく》はない」と見《み》なされ、言《い》うことを聞《き》かずに暴走《ぼうそう》する「アルファシンドローム」に陥《おちい》ります。

だらしなく生活《せいかつ》するのはNG。規則正《きそくただ》しく品位《ひんい》を持《も》ち、犬《いぬ》を引《ひ》っ張《ぱ》っていくリーダーで

猫《ねこ》

「私《わたし》たちは、猫《ねこ》様《さま》のご気分《きぶん》を日々《ひび》窺《うかが》い、毎日《まいにち》翻弄《ほんろう》され続《つづ》けるしかないのです」

いないと信頼《しんらい》を失《うしな》います。あなたも昨日《きのう》と違《ちが》うことを言《い》い始《はじ》める先生《せんせい》や上司《じょうし》には、ついていきたくなくなるでしょう？

猫《ねこ》は夜行性《やこうせい》ですが、朝《あさ》になると飼《かい》い主《ぬし》を起《お》こします。これは甘《あま》えているのではなく、飼《かい》い主《ぬし》をエサやり係《がかり》としてしつけているだけです。「甘《あま》えん坊《ぼう》だなあ」なんて、とんだ見《けん》当違《とうちが》い。あなたはただ、都合《つごう》のいい存在《そんざい》として猫《ねこ》の手《て》のひらで転《ころ》がされているのです。

ズオオオオオオオオ
お前《まえ》ら人間《にんげん》だって
あぁぁ〜すみませ〜ん
どんまいなんだぞ…
はっ
夢《ゆめ》か・・・
なんとま――・・・
あ
おきたおきた
・・・そうよ
いきものってみんなそれぞれふしぎな部分《ぶぶん》があるんだよね
その違《ちが》いを理解《りかい》してお互《たが》いの存在《そんざい》をもっと楽《たの》しんでいけたらいいな
これからも よろしくね!

おわり

参考文献《さんこうぶんけん》

『マンガでわかる犬《いぬ》のきもち』（大泉書店）

『マンガでわかる猫《ねこ》のきもち』（大泉書店）

『猫《ねこ》のなるほど不思議学《ふしぎがくし》 知られざる生態《せいたい》の謎《なぞ》に迫《せま》る』（講談社）

『うちの猫《ねこ》のキモチがわかる本《ほん》』（学研パブリッシング）

『いぬのきもち』（ベネッセコーポレーション）

『ネコの気持《きも》ちがおもしろいほどわかる本《ほん》』（扶桑社）

『ねこ色《いろ》、ねこ模様《もよう》。』（ナツメ社）

『ゆる犬図鑑《いぬずかん》』（飛鳥新社）

※そのほか、犬《いぬ》と猫《ねこ》に関《かん》するさまざまな文献《ぶんけん》や論文《ろんぶん》を参考《さんこう》にしています。

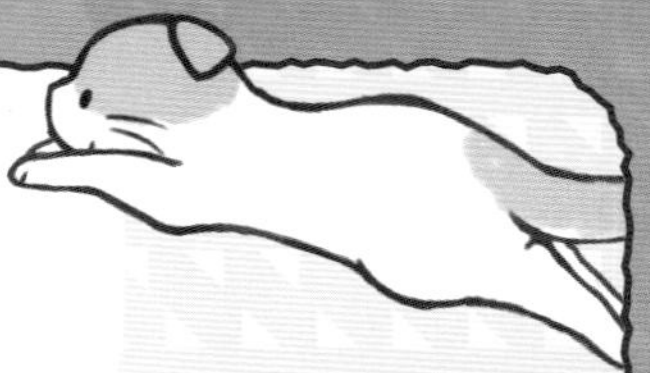

おわりに

おや、もう読《よ》み終《お》わったんですか？　その様子《ようす》を見《み》ると、たいそう笑《わら》い転《ころ》げたようで何《なに》よりです。

さて、大事《だいじ》なことを思《おも》い出《だ》しました。本書《ほんしょ》の「はじめに」でみなさんにお聞《き》きした質問《しつもん》を覚《おぼ》えていますか？　〝犬《いぬ》と猫《ねこ》、同《おな》じ行動《こうどう》で比《くら》べてみると、どちらがどんまいでしょうか？〟という質問《しつもん》です。では、答《こた》えを発表《はっぴょう》しましょう。

結果《けっか》は…まぁ、どっこいどっこいでしょうね。人間《にんげん》から見《み》てどんまいなことだったとしても、犬《いぬ》だって、猫《ねこ》だって思《おも》わず応援《おうえん》したくなるほど一生懸命《いっしょうけんめい》生《い》きていますから。

え？　この答《こた》えじゃ卑怯《ひきょう》すぎ？　それは困《こま》りましたね。

でも、注目《ちゅうもく》してみないと犬《いぬ》と猫《ねこ》のどんまいな違《ちが》いに気《き》づかなかったでしょう？　行動《こうどう》ひとつとってもよく観察《かんさつ》すれば新《あたら》しい発見《はっけん》があるものです。普段《ふだん》接《せっ》する機会《きかい》の多《おお》い犬《いぬ》と猫《ねこ》にも、まだまだどんまいなおもしろさが隠《かく》されているかもしれませんね。

今泉《いまいずみ》忠明《ただあき》

【監修者】
今泉忠明（いまいずみ・ただあき）

哺乳類動物学者。1944年、東京都生まれ。東京水産大学（現・東京海洋大学）卒業。国立科学博物館で哺乳類の分類学・生態学を学ぶ。文部省（現・文部科学省）の国際生物学事業計画（IBP）調査、環境庁（現・環境省）のイリオモテヤマネコの生態調査などに参加。上野動物園の動物解説員を経て、静岡県「ねこの博物館」館長を務める。監修書『おもしろい！ 進化のふしぎ ざんねんないきもの事典』（高橋書店）は"こどもの本"総選挙2018で第1位を獲得。そのほか主な近著・監修書に『キモい！ 生きもの』『母シンシンの子育て奮闘記　いつまでもラブ！ シャンシャンのパンダ図鑑』（ともに宝島社）、『ブラックないきもの図鑑』（朝日新聞出版）など多数。

【STAFF】

［イラスト］　鮎
（P16-P19、P34-P37、P43-P45、P54-P57、P70-P73、P82-P85、P91-P93、P108-P109、カバーイラスト）
かなンボ
（P6-P11、P20-P27、P30-P33、P38-P41、P46-P53、P58-P61、P74-P81、P86-P89、P102-107、P111-P117、P121-P123）

［マンガ］　ねこまき（ミューズワーク）

［装丁・デザイン］　粟村佳苗（NARTI;S）

［DTP］　オフィス・ストラーダ

［写真］　アフロ

［編集］　宮本香菜、佐々木幸香

それでもがんばる！
どんまいな犬と猫図鑑

2019年6月19日　第1刷発行

［監　修］　今泉忠明

［発行人］　蓮見清一

［発行所］　株式会社宝島社
〒102-8388　東京都千代田区一番町25番地
TEL:03-3234-4621（営業）　03-3239-0599（編集）
https://tkj.jp

［印刷・製本］　日経印刷株式会社

ISBN 978-4-8002-9512-5